複雑系叢書

3. 複雑系としての経済・社会

早稲田大学複雑系高等学術研究所 編

Complex Systems

共立出版

『複雑系叢書』編集委員

相澤　洋二　（早稲田大学理工学術院 名誉教授）
稲葉　敏夫　（早稲田大学教育・総合科学学術院 名誉教授）
鈴木　平　　（桜美林大学大学院心理・教育学系 教授）
橋本　周司　（早稲田大学理工学術院 名誉教授）
前田　惠一　（早稲田大学理工学術院 教授）
松本　隆　　（早稲田大学理工学術院 名誉教授）
三輪　敬之　（早稲田大学理工学術院 名誉教授）
郡司　幸夫　（早稲田大学理工学術院 教授）
山崎　義弘　（早稲田大学理工学術院 教授）

『複雑系叢書』刊行にあたって

　本叢書は，各分野のフロンティアで活躍されている方々にそれぞれの立場から「複雑系の問題」を，たとえば現象，実験，技術，理論，方法論，あるいは論理，歴史や思想など，テーマを自由に選んでいただき，分野を越えて議論の輪が広がるように，できるだけ平易な言葉で論じていただくために企画したものであります．

　1980年代に始まった現在の複雑系研究の流れは，自然科学，工学，人文社会科学，数学などの広範な分野に及んでいます．学問の総合化に向かう近年の時代の流れとも相俟って，分野横断的な共同研究を模索しつつ，学際領域の開拓や実際的な課題への挑戦に向けて展開してゆくのがこれからの複雑系研究の状況であろうかと思われます．近代以降に急速に発展した物質世界ならびに精神世界に関する人類の知と技術が，自らが齎した錯雑たる現実に対処するために，またこれまで積み残してきた重い課題に向けて歴史の歩を進めるために，相互の交流を開始していると言えるでしょう．

　複雑システムの誕生，維持，発展，崩壊，そしてつぎのシステムへの変遷など，そのそれぞれの段階に潜む未知の法則性を探り，拡大する予測困難さと多様性に対処する手法や論理を見いだすこと，また学習や教育，さらに科学技術に対する慎重な施策，展望を提供することなど，多くの役割が複雑系研究には期待されるところであります．一言で申せば，それらは繊細で寛容な構想力を培う「グローバルな知」の探求と言えるかもしれません．21世紀には人間活動の拡大がますます多様複雑に進行し，そのなかで複雑系研究に向ける努力は知性の新しい啓蒙にとってかけがえのない道標となるでしょう．そのためにも，高度に専門化した工学技術や社会技術も含めて，《諸学の新たな共同》が何にもまして求められてゆくものと思われます．

　そのような想いから，本叢書では，専門分野を異にする者同士がこれ

からの複雑系研究に対する期待と切り口をそれぞれの立場から提言し合うことによって，互いの成果とその背景にある理念を共有し，将来のより豊かで個性的な学問的土壌の形成に貢献したいと思います．

　なお，本叢書は，2000年に設立された早稲田大学複雑系高等学術研究所における学際的交流を通して企画・立案され，想いを共有する執筆者をはじめとする大勢の方々の熱意と共立出版社のご好意に支えられて刊行を迎えることとなりました．自由の気風から生まれた手づくりの論文集として本叢書を世に送り出すにあたり，研究所の日頃の活動に対して早稲田大学から戴いたさまざまな支援に心からの感謝を表したいと思います．

早稲田大学複雑系高等学術研究所

前所長　相澤洋二

序　文

　本書は「複雑系叢書」の第3巻，テーマは「複雑系としての経済・社会」である．出版が大幅に遅れ，当初計画した内容からも変更があった．それは，この10年の間に社会の構造が大きく変遷したことにある．特に現在は，インターネットの普及に伴い，大量の情報を効率良く処理する技術が大きく発展し，ビッグデータやデータサイエンスという言葉に代表されるような研究分野が生まれている．この分野では，大量のデータからいかに有用な情報を引き出すかという課題が主流であるが，有用な情報の中には各現象の詳細に依らない共通した性質・特徴も当然含まれている．このような共通した性質・特徴を集め，全体を束ねる数理を構築することによって，データの大小に関わらず，新たな原理・法則の発見，そして，新たな分野の確立を期待することができる．（例としては，ネットワーク科学が挙げられよう．）

　データの扱いに対する最近の動向は，熱力学・統計物理学・非線形動力学をベースに進められ発展してきた複雑系科学に対しても，統計学の視点から改めて再考することで，新たな問いを見いだせる可能性をもたらしている．複雑系科学の視点から経済・社会を扱った本書も少なからず影響を受けており，当初の計画にあった「非線形経済動学」と「経済学における複雑系の系譜」に関する2編のほかに，「社会物理」・「群れ」・「スポーツ」に関する3編を加えることにした．これら5編すべての原稿に共通しているのは，内部状態を持った個体が集まってできた系の集団的・統計的性質に着目しているという点である．内部状態に関する大量のデータを取得することができるようになったことを反映して，各個体の情報からいかに集団を特徴づけるか，いかに新たな集団的性質を発見するかという問いが示されている．

　群れについては，1980年代から統計物理学の分野でも相転移現象の一種として着目されてきた．最近では，アクティブマターという標語の下

に，バクテリアのような微生物から鳥・魚のような動物の集団運動の観察，ならびに，自発的に運動する粒子の集団系に対する実験・数値シミュレーションが盛んに行われている．人間も自発的に運動する個体であると考えれば，人間の群れ（つまり社会），そして，群れの集団的行動としての経済も研究対象として当然含まれよう．

特にスポーツについては，人間の行動や姿勢を追跡（トラッキング）する技術が発達したことに伴って，試合中の選手の行動を詳細に把握することが可能になってきた．そのため，たとえばサッカーの「フォーメーション」という用語は，戦術を表す言葉としてこれまで漠然と扱われてきたが，試合の各局面や得点・失点時における選手配置のダイナミクスを考慮して，より明確な定義・特徴付けが進むものと期待される．スポーツは，統計学を踏まえた複雑系科学によって生み出される新たな研究分野のフロンティアになる可能性を秘めている．

社会構造が大きく変化している現在において，本書で取り上げている各テーマの内容は過渡的なものかもしれない．しかしながら，新たな原理・法則の発見，新たな分野の確立を目指すためには，本書のような活動を継続することが大事であり，この継続そのものが複雑系科学の発展に対する貢献であると信じている．

2019 年 3 月

稲葉敏夫・山崎義弘

目　次

経済学における複雑系の系譜　　1
―スミス・マーシャル・シュンペーター―
（東条隆進）

1　はじめに――複雑系経済学とは何か ....　3
2　カルドア型の内生的リミット・サイクル型からグドウィン＝シュンペーター理論へ ....　4
3　複雑系経済学としてスミス・マーシャル・シュンペーター経済学 ....　5
4　複雑系経済学としてのシュンペーターのイノベーション理論 ....　7
5　景気循環 (Business Cycles) とは何か ....　10
6　投資と商品価値と利潤の三角形 ....　13
7　結論 ....　15

景気循環理論と非線型動学：IS-LM 分析における展開　　17
（吉田博之）

1　はじめに ....　19
2　日本経済における景気循環の実相 ....　19
3　IS-LM 分析 ....　22
4　平面における極限周期解の理論 ....　25
5　分岐理論 ....　28
6　タイムラグとマクロ経済動学 ....　31
7　結合振動子 ....　33
8　おわりに ....　36

社会物理学と考現学との接点　　　　　　　　　41
（山崎義弘）

 1 はじめに 43
 2 社会物理学と統計物理学 46
 3 考現学 54
 4 社会物理学と考現学との接点 56
 5 さいごに 68

動物の群れにおける自由と社会　　　　　　　　71
（郡司ペギオ幸夫・村上　久・都丸武宣）

 1 はじめに 73
 2 動物の群れの二重性・意識の二重性 74
 3 哲学的ゾンビを間接的に捉える 80
 4 ベイズ・逆ベイズ推論 83
 5 非同期時間と不断の推論反転 86
 6 結論 90

対戦型スポーツに対する統計物理からのアプローチ　93
（成塚拓真）

 1 はじめに 95
 2 対戦型スポーツの研究 103
 3 サッカーを例として 116
 4 今後の展望 140

経済学における複雑系の系譜
―スミス・マーシャル・シュンペーター―

東條隆進

東條隆進
とうじょう たかのぶ

- **略歴:** 1966年　早稲田大学第一政治経済学部経済学科卒業
　　　　 1969年　早稲田大学大学院経済学研究科修士課程修了
　　　　 1985年　神戸大学経済学博士
　　　　 1992年　早稲田大学社会科学総合学術院教授

- **現在:** 早稲田大学名誉教授

- **著書:** 『よい社会とは何か』(成文堂)
　　　　 『現代経済社会の政策思想』(文眞堂)
　　　　 『経済社会学の形成』(成文堂)
　　　　 『一般経済政策論の理念と形成』(北樹出版)
　　　　 『産業社会と経済政策』(北樹出版)

- **専門:** 経済社会学, 経済思想史, 経済政策学

- **関心事:** 良い社会の経済学,
　　　　　　 近代市民社会の歴史的研究.

1　はじめに——複雑系経済学とは何か

経済学における複雑系の論理性を明確にしたのはグドウィン (R.M. Goodwin) であった．経済学の時系列の複雑性には2種類ある．外生的ショック・モデルと内生的モデルである．それらは不規則な解を生み出す．

グドウィンはフリシュ (R. Frisch) が外生的ショック・モデルしか考慮しなかったことを批判した．すでにファン・デル・ポウルが1920年代に非線形理論によるリミット・サイクル理論を提示していたからである．グドウィンはフリッシュも内生的モデルを展開すべきであったと批判した．

内生的モデルにはストレンジ・アトラクターが存在する．完全に決定論的でありながら，一つ以上の非線形性の存在が予測不可能な挙動を示す．

常微分方程式の周期解や安定的平衡点（不動点）の近傍の軌道を引きつける性質を持つ解をアトラクターと呼ぶが，ストレンジ・アトラクターまたは非周期的アトラクターは位相空間において不動点で閉軌道でも輪環面でもない複雑な構造を持つ．

ストレンジ・アトラクターや非周期的アトラクターの存在は乱流の研究から知られるようになった．乱流とは流体の不規則な運動を言う．これに対して比較的単純な形の流れ，時間的に定常な流れや，穏やかな流れ，周期的に変化する流れを層流という．基本流の不安定性の結果として発生する振動流は不規則性を持つとき乱流となる．乱流の概念は有限次元の力学系で明確になる．決定論的な力学系での不規則なふるまいをカオスと呼ぶ．非線形の確定系に生じる不規則な振動運動である．

ポアンカレは安定的不動点を安定的固定的運動に一般化し，状態空間における固定的領域に対する安定的運動論に一般化した．均衡概念を一般化してリミット・サイクル形式を持つ均衡運動に含めた．非線形理論のある特定形式の解はリミット・サイクルになることが1920年代に明らかになった．

カオス・アトラクターには不動点も運動の固定化も存在しない．それゆえ均衡概念の固有の意味は失われる．均衡は有界での運動が非遊走集合となる．時間を通じて決して反復を生じさせない．気象学で外生的攪乱がなくてもカオス的時系列の解が生じることが知られるようになった．

経済学においてはどうか．定常流の経済過程の解明には層流のアナロジーで常微分方程式の周期解や安定的均衡点（不動点）のように均衡の近傍の軌道に引きつける性質がある解を持つアトラクター分析で間に合う．経済学は合理的経済主体が経常的な諸問題について適切な経済的意思決定をすることができるとき，彼らの意思決定が蓋然性と不確実性に支配されている未来の出来事にどのような影響を与えるかということを分析しなければならない．将来についての経済的意思決定が持つ固有の危険性を安定的不動点の解を求める方法に還元するだけでは不十分である．時間を通じて供給が需要に等しく，価格が費用に等しいという根拠付けだけでは間に合わない．

経済発展過程は乱流やカオスを生じるストレンジ・アトラクターや，カオス・アトラクターで解明すべきである．しかも内生的リミット・サイクルがどのように形成されるか？ということを明らかにすることが必要である．

2 カルドア型の内生的リミット・サイクル型からグドウィン＝シュンペーター理論へ

1940年，N. カルドア (N. Kaldor) は非線形動学による内生的リミット・サイクルの景気循環理論を発表した．線形理論のカレツキー (M. Kalecki) タイプの展開理論としてである．ケインズ (J.M. Keynes) 以前にケインズ的理論を展開していたカレツキー理論がカルドア型の内生的リミット・サイクルの景気循環理論を生んだ．カレツキー＝カルドア・モデルはサミュエルソン (P.M. Samuelson) ＝ヒックス (J.R. Hicks) 型理論と対比される理論である．

これに対してグドウィンはシュンペーター型の経済発展の過程を継承した．ポアンカレ，ファンデンポウル，ローレンツ，レスラー的非線形理論，ストレンジ・アトラクター，ロジスティック理論とカオス理論の統合によってである．グドウィン＝シュンペーター型の内生的リミット・サイクル型のモデルを構築することは可能か．

グドウィンは，資本主義は構造変化によりカオス的な変化を作り出すという．資本主義は利潤経済である．資本主義的生産では，利潤は産出と産出を生産するのに使用される産出の差額である．資本主義では合理

的な資本家によって極大利潤が目指される.資本の供給と需要が利子率と利潤率の決定の手がかりであることから,技術革新が利潤率を決定する決定的要因になる.それが資本主義過程の動学(動態)に攪乱・乱流過程を生む.

最初,一群の技術革新が開始し,はじめはゆっくりとしてではあるが,方法が改良され生産物が利用・消費されることによって加速的になる.資本主義の投資が技術革新より先に起こり,投資は需要を刺激する.増加した需要は技術革新の拡張を促進する.拡張的な需要・収縮的な需要のカーン=ケインズ的乗数はシュンペーター的進化から生ずる革新過程(Innovation)に吸収される.

つぎに技術革新の利用がすべて完了した暁には,この過程は減速して利潤もゼロへ向かう.革新の群起が終了すると別の群起が生ずるのが資本主義であり,資本主義の進化の過程である.資本主義の短期変動を伴う長期波動がカオス的津波を引き起す.革新経済は単独でブームに刺激を与えるが,その次に続く崩壊過程でありながらも定常的ではない波動である.資本主義過程は企業による投資の過程と有効需要形成過程がいかに異なった原因であるかということを示す.技術革新が存在する限り均衡点は存在しない.市場の価格機構での一般均衡という新古典派のカテゴリーは成立しない.

3 複雑系経済学としてスミス・マーシャル・シュンペーター経済学

しかし,グドウィンの内生的サイクル理論は景気変動過程の開明を明らかにしてくれるが資本主義の内生的リミット・サイクル理論を形成できない.

シュンペーターの innovation 理論に内生的リミット・サイクル論は存在するか.すでにフランソワ・ケネー (F. Quesnay) は,ハーベイの血液循環論の影響の下 *Tableou E'konomique* (1759) で経済循環の発見をした.続いてアダム・スミス (A. Smith) は,*An Inquiry into the Nature and Causes of the Wealth of Nations* (1776) で Division of Labour(分業)の内生的リミット・サイクル性の可能性を追求していた.

スミスは言う.ピン製造の職人が事業に精通していず,発明を伴った

機械生産に従事したこともない場合，せいぜい一日に 1 本のピンか 20 本以下しか作れないだろう．しかしピン製造に専門化した事業として，いくつかの生産工程に専門化した場合，一日に 12 ポンドのピンを製造することもできる．48000 本のピンを 10 人の職人で製造できる．一人当たり 4800 本のピンを製造できる計算である．

スミスの議論は産業革命以降の機械製大工業にも当てはまる．大量生産，市場への大量供給の可能性によってである．市場での大量需要の可能性に規定される．スミスは貨幣経済と市場経済の拡張に期待した．貨幣・金融市場は商品市場の拡張を推進する手段として重要である．しかし，黄金蓄積そのものはイノベーションを可能にする条件そのものにはならない．

アルフレッド・マーシャル (A. Marshall) も *Principles of Economics* で経済の内生的リミット・サイクル性を追求した．経済学史上最初の経済学の「原理」である．ユークリットの「ストイケイア」，ニュートンの「自然哲学の数学諸原理」に続く「経済学原理」である．Natura non facit saltum がマーシャルの標語であった．スミスの division of labour との関係における産業組織 (Industrial organization) の発展・成長に注目した．大規模機械生産，事業経営体の拡張，収益逓増化の傾向への注目である．

マーシャルの経済学はシュンペーターのサプライサイドの経済学とケインズ (J.M. Keynes) のデマンドサイドの経済学に分裂する．シュンペーターの経済学はグドウィンの言う「複雑系」の経済学になり，ケインズの経済学は「確率論」的経済学として展開される．

ここで長期期待と短期期待の関係が重要になる．固定資本の拡大・拡張は長期期待と短期期待の分裂を引き起こす．

そして情報が決定的機能を持つようになる．すべての経済システムと貨幣的ネットワークの一体一対応が求められるようになる．ストレンジ・アトラクターがいかにして内生的リミット・サイクルを形成可能にするかということがキーワードになる．

4 複雑系経済学としてのシュンペーターのイノベーション理論

シュンペーターは『経済発展の理論』(1912) と『景気循環論』(1939) において企業者および企業による資本主義とイノベーションの過程を研究した.

『経済発展の理論』(*Theorie der Wirtscaftlichen Entwicklung*, 1912) はワルラス (L. Warlas) の『純粋経済学要論』(*Éléments D' Économie Politique pure ou Théorie de la Richesse Sociale*, 1874 (1952)) という市場の一般均衡理論からの脱出を可能にする Enterpreneurship としての企業家理論を構築する試みであった.

『経済発展の理論』は企業者および企業による「新結合の遂行」(Durchsetzung neur Kombinationen) としての経済過程から出発する.「生産」行為の本質は生産要素の「新結合の遂行」にある. 生産における革新は, 新欲望がまず消費者の間に内発的に表れ, その欲求に導かれて生産設備を変化させるという方向ではなく, 逆に新欲望が生産の側から消費者に教え込まれるという仕方で遂行される. したがってイニシアチブは生産の側にこそある. 供給と需要とは互いに独立する要因として対立することは許されない.

シュンペーターは『経済発展の理論』を「企業者利潤・資本・信用・利子及び景気の回転に関する研究」として展開した. 後にケインズは『雇用・利子及び貨幣の一般理論』(1936) を発表するが,「利子」論のみが用語的にシュンペーターの『経済発展の理論』と共通するが, 他は異なる経済分析用語・概念が使用されている.

シュンペーターは「経済発展」を遂行するのは企業者利潤獲得目的であるという理解である.

　　　企業者利潤＝収益ー費用

という方程式の遂行である.

この方程式に資本・信用・利子項目が組み込まれる. では, どのようにして新結合の遂行行為としての生産活動をこの方程式に組み込むか.

後に経済学の Key(Clavis) 概念となる「投資」(Investmennt) 項目と

してである.

企業者（企業）は企業活動を「投資」から始める.『経済発展の理論』においては生産＝投資が次のように位置づけられた.（[19], 166～167ページ）

1. 新しい財貨，すなわち消費者の間でまだ知られていない財貨，あるいは新しい品質の財貨の生産.
2. 新しい生産方法，すなわち当該産業部門において実際上未知な生産方法の導入．これは決して科学的に新しい発見に基づく必要はなく，また商品の商業的取り扱いに関する方法も含んでいる.
3. 新しい販路の開拓，すなわち当該国の当該産業部門が従来参加してこなかった．市場の開拓．ただしこの市場が既存のものかどうかは問わない.
4. 原料あるいは半製品の新しい供給源の獲得，この場合においてもこの供給源が既存ものであるか，単に見過ごされていたか，その獲得が不可能とみなされていたかを問わず，あるいは始めから作り出さなければならないかは問わない.
5. 新組織の達成，即ち独占的地位（例えばトラスト化による）形成又は或る独占の破壊の如し

新しい組織の実現すなわち独占的地位の形成あるいは独占の打破たとえばトラストのごとき（『経済発展の理論』S.101,183ページ）．この投資をどのように企業者利潤＝収益－費用構造に組み込むか.

シュンペーターは，『景気循環論』では所得を受け取る権利を取得する決意を実行に移すことを「投資」(Investment) と命名する (p.76).

そして「投資」に対応するのが「貯蓄」(saving) である．貯蓄とは家計によって，その経常収入の一部が所得を受け取る権利の獲得のためとか，負債のためとかに留保されることである．したがって，貯蓄は耐久消費財を購入するためとか，経常収入で賄えない支出項目に見合うために留保される金額の集合を意味しない．支出をしないこと，支出を延期することも，退蔵そのものも貯蓄に入らない．したがって，貯蓄項目から投資項目への回路は存在しない.

「投資」と「貯蓄」は決定的に区別される概念である．投資は貯蓄と

は別の源泉から金融される．シュンペーターは企業の初期投資を遂行する資本項目として「銀行による信用創造」を導入する (p.110)．そして企業は投資を開始する．「投資」は商品供給方法の変化の遂行，新商品の導入，すでに使用されている商品についての技術上の変化，新市場や新供給源泉の開拓，作業のテーラー組織化，材料処理の改良，百貨店のような新事業組織の設立であるとされる．したがって，「投資」をイノベーション（革新）と見なして差し支えない．

そして『景気循環論』では，「革新」を「一つの新生産関数の設定と定義する」と主張する (p.87)．

では「新生産関数の設定 (the setting up of a new production function, p.87)」とは何か．『経済発展の理論』(1912) から『景気循環論』(1939) までの間にケインズの『雇用・利子及び貨幣の一般理論』(*The General Theory of Employment, Interest and Money*, 1936) が来る．雇用と投資，貯蓄の関係が問題となる．雇用と投資，産業組織，産業構造の問題がシュンペーターとケインズの後の経済学の根本問題となる．シュンペーターの「新生産関数の設定」という概念には投資，産業組織，産業構造を総合する企業の利潤最大化原理が結びついている．しかし生産関数は次のようにしか記述できない．

$O = F (K, L, N, T)$
ただし O は生産物，K は資本，L は労働力，N は資源，T は技術．

ここで重要なのが「資本」(Capital) が生産関数構造の中の生産要素であり，他の生産要素として設定される労働力，資源，技術と独立した一生産要素であるということである．生産関数論において「資本」として記述できるのは，生産要素としての固定資本，流動資本としてであり，資本に企業による新生産関数の設定行為そのものの記述はできないということである．生産関数機能 F ( ) と K（資本）の関係は峻別されなければならない．まして生産物 O に K（資本）を直接対応させることはできない．

マルクス経済学とシュンペーター経済学の相違点は K「資本」の生産関数構造における位置付けの違いにある．マルクス (K. Marx) は *Das Kapital* で K (Kapital) を資本制的生産様式それ自体として位置付けた．資本家階級それ自体として階級概念として位置付けた．K は経済学概念

であり，同時に社会学概念でもある．したがって，マルクスの理論からは企業家による生産関数の設定という概念は出てこない．

シュンペーターの『景気循環論』では生産関数機能に生産要素としてK（資本）を位置付け，その資本に「銀行による信用創造」を包摂させるが，生産関数構造機能とは明確に区別される．企業による新結合の遂行機能をF（　）機能として位置付け，K (Capital) と明確に区別される．

「生産関数論」は産業革命の機能と構造を明確にさせる意義がある．問題は生産関数構造の中に巨大化する固定資本，生産設備構造をどのように組み込むかということである．そして拡張する銀行の信用創造をどのように巨大固定資本と関係付けるかということと同時に，生産関数構造とどのように関係付けるかという課題が生ずる．生産関数論からすると「銀行の信用創造」は流動資本として位置付ける以外にない．

シュンペーター理論においては，K (Capital) は企業者と企業者利潤，革新企業 (Enterprise) および銀行による信用創造行為の従属変数であって，生産関数F（　）に生産要素として組み込まれている．生産関数F（　）のカッコから飛び出ることはできない記号である．自らの存在根拠を主張する概念としての記号論理学を持ちうる概念ではない．企業者と企業者利潤，革新企業による carrying out New Combination プロセスの従属概念である．

L（労働ないし労働力）も労働力商品化機構として，資本制的生産様式の価値生産の原動力として位置付けることもできない．資本概念と同じく，企業者利潤の獲得のための生産方法としてのみ存在根拠がある．Nも企業者利潤を獲得するための自然の商品化としての資源・原料としてのみ存在根拠が与えられる．T（技術，テクノロジー）もイノベーションを遂行する過程ではじめて商品価値性を持つ．生産関数 F (K, L, N, T) それ自体も企業者利潤獲得方程式に組み込まれなければならない．

5　景気循環 (Business Cycles) とは何か

「景気循環を分析することは，資本主義時代の経済過程を分析すること以上を意味しもしなければ，それ以下を意味しもしない．…循環は，扁桃腺のように，単独で取り扱われる分離可能なものではなくて，心臓の鼓動のように，循環を示す機構の本質に属している．」(Preface)

「若干の人々は,さまざまな(そして観念的には正しい)利潤予想と結びついた革新の計画と異なった敏速さで,考えつき,まとめ上げ,そして新しい不慣れなことをする場合に付随して起こりがちな障碍との戦いを始める.我々は,先導する能力を企業者の才能の一部とみている.」(pp. 130–131)

『景気循環論』はカール・マルクス(K. Marx)の『資本論』(Das Kapital)を超克する目的で書かれた.分析方法論としての資本概念の定義可能性を発見することである.そして現象学としては,1929年の世界「大恐慌」を「景気循環」プロセスに組み込む試みであった.

「資本主義経済 System」では Entrepreneurship が主役である.ナポレオン主義的 Entrepreneur である.ナポレオン主義にとっては領土拡張が宿命であるのに対し,Entrepreneur にとっては地球そのものを商品交換マーケットに構造・機能創造することである.大航海時代を生み出したコロンブス主義とでも言おうか.

「資本主義」経済の下では新しい消費財生産を決意することから始まる.企業者として新企業を設立し,新工場を建設し,既存の企業に新設備を発注する.必要資金を,生産手段の社会貯蔵所への彼の入場券として銀行から借り入れる.そうすることによって得た残高を,彼は財と用役とを彼に供給する他の人たちに小切手を手渡すためにか,あるいはこのような供給物に対して支払いをするための通貨を手に入れるために,引き出す.彼は生産財に対して附け値することによって,その必要とする生産財の数量を,先に用いられてきた用途から引き上げる.

次に他の企業者たちが経験を蓄積し,障害をなくすことで後継者たちに,次第に平坦化された革新の道を用意する.成功した革新は他の革新の遂行を容易にし,全体的にも,部分的にも,直接模倣されうるような方向,またそれが新しい機会を拓くような方向においてである.その結果,論理的に完全に関連している領域,体系全体にわたって浸透する.

その際,企業者たちは最小限の資金準備を超える額を預金支出するであろう.けだし企業者から支払いを受ける側は返済すべき負債を持たないであろうし,現金準備をその取引に対する先立つ比率以上に増加させる動機を持っていないからである.

次に雇用されない資源はないのであるから,生産要素の価格は上昇するであろう.旧企業においても費用は騰貴するであろう.さらに旧企業

収入もまた企業者の生産財への支出，企業者によってより高い賃金で雇用されている労働者に対する支出も増加する．企業者活動の作用が価値体系を狂わせ，それまでの均衡を破壊しながら，体系全体に波及する．この局面では総産出高の純増加は存在しない．すべての産業がその産出高を増加することは不可能である．

　しかし市場に新商品が流れ込む段階になると，事態は一変する．新商品は企業者がそれを売ろうと期待していたとおりの価格で直ちに買い取られる．私企業は消費財の不変の流れを，その生産関数のそれ以上の変化なしに，流出させることができる．企業収益の流れは，当初手に入れた工場や設備の寿命の尽きるまで，借りられた負債総額に利子を加えたものを償い，企業者のために利潤を残すに十分な率で，企業者の勘定に流れ込む．企業者の最初の借り入れ行為と場の完成との間に経過した時間よりも長くない期間の終わりに，企業者は一切の必要な置換を収入から支払い，銀行に対する負債を完済し，そうすることによって彼のために新しく創造された残高全体をなくならせ，完全に手付かずな完全な操業状態にある工場や設備や，さらには運転資金として彼に役立つ十分な剰余残高が残されているという事態も可能になる．

　次に先見の天才がいる他の企業者も成功裏の操業状態に入り，その生産物を消費財市場に投入する．新企業は，最初に減少したかもしれない消費財の総産出高を増加させる．産出高は懐妊期間中減少したよりも，増加する可能性が高い．新企業がすべての生産を始めた時点での消費財の総産出高を構成する要素を，先立つ均衡の近傍での総産出高と比較するなら，またもしこの合成物の両方の中に現れる項目全体を差し引くなら，正と負の項目表が残り，均衡の近傍で支配していた価格で評価すれば，正の合計が負の合計よりも大きいであろう．もし一つの消費財だけしかなく，また革新がこの消費財を生産する新規な方法の導入にあったとすれば，新総産出高の単位時間当たりの物量は，旧総産出高よりも大きい．

　こうして新商品は徐々に侵入する．最初の企業者の供給は一般に目立った攪乱を引き起こさない．しかし，過程にはずみがつくにつれて，これらの作用は次第に重要性を増し，不均衡が適応過程を強要しながら現れる．そして産業全体に価格変動をもたらす．新商品が売られる価格に等しい最低単位を費用で生産される点が到達される．利潤はなくなり，革

新の衝撃は消耗し尽される．企業者活動は体系の均衡を覆すから，新生産物の市揚への参加は不均衡を激化させ，体系内のすべての要素の価値を変化させ，企業の収益―費用関係を破壊する．新規格を計画する困難や危険が増大する．新生産物が市場に流入するにつれて返済が量的に増大する．企業者の支出も減少する．懐妊期間に特徴的な状況と決定的に非対照的なことが起こる．追加的な借り入れの停止だけでも，多くの企業を当惑させ価格水準を低下させる．さらに企業者による銀行貸し付けの返済は残高を消滅させ，自動的デフレーションに追い込む．

この新均衡近傍は，それに先立つ過程と比較して異なった型の「ヨリ大きな」社会的生産物，新生産関数，貨幣所得の等しい総額，最低の利子率，利潤零，貸付零，違った価格体系とヨリ低い物価水準，すなわち革新の特定の激発のすべての永続的な成果が実質所得増加という形で消費者に手渡されたという事実の基礎的表現によって特徴付けられた事態になる．

6 投資と商品価値と利潤の三角形

ではシュンペーターのイノベーション論は内生的リミット・サイクル論を持っているのだろうか．プリゴージンの『散逸構造論』における「ゆらぎ―機能―構造」の形成過程と同様な内生的リミット・サイクル性を持っているだろうか．プリゴージンの「ゆらぎ―機能―構造」は「ゆらぎ―機能―構造の三角形」を形成する（図1）．シュンペーターのイノベーション論は「投資―商品価値―利潤の三角形」を形成することができるであろうか（図2）．

アダム・スミスのピン製造物語からマーシャルの産業組織論をへてシュンペーターのイノベーション理論を通底する経済過程に「投資・商品価値・利潤の三角形」，「投資―費用最小化―収益最大化―利潤」のイノベー

図1

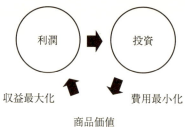

図2

ション過程は存在するであろうか．

　アダム・スミスの理論では企業者の投資と費用最小化および収益最大化のメカニズムそのものが明確になっていない．マーシャルの理論においては投資と費用最小化のメカニズムが明確でない．シュンペーター理論においては企業者の利潤最大化メカニズムを作動させるために「銀行の信用創造」に決定的役割を振りつけているが，銀行の信用創造の論理的必然性が明確でない．

　この「投資－商品価値－利潤」過程は企業の投資活動から出発させることはできない．シュンペーターは銀行の信用創造によって投資が可能になるという期待から出発する．そして，企業が銀行の信用創造によって可能になった資金調達によって投資を開始する．新生産関数の設定である．生産要素としての資本，生産要素としての労働力，生産要素としての資源，生産要素としての技術間の最適結合を通して利潤最大化への方法を追求する．利潤最大化は投資の費用最小化と収益最大化の同時追及となる．投資はまず収益最大化戦略の下で可能な限りでの費用最小化が図られる．設定された生産関数のコストを最小化する過程が作動する．この過程を費用最小化イノベーションと命名しよう．

　次に生産された財の市場への供給が開始して，企業の販売戦略が開始し，商品の数量と商品の単位価格の積で形成される収益最大化が図られる．この過程を収益最大化イノベーションと命名しよう．持続的産業革命の過程で新商品の大量生産が遂行され，企業の収益額が拡大する．

　この収益額からの生産関数の費用の控除額が利潤となる．したがって，利潤とは投資遂行の結果現象である．この利潤額がプラスになったときに，再投資が可能になる．この過程ではじめて銀行による信用創造に依存しなくてもよくなる．そして利潤最大化戦略を立て，新しい投資戦略

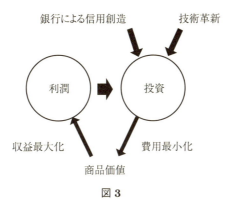

図 3

が立てられるようになる．新市場の開拓が進められ，他の企業との競争が遂行される．他の企業の商品より1円でも安価に商品を供給できるように，費用最小化イノベーションが図られる．同時に収益最大化のイノベーションも図られる（図3）．Business Cycles プロセス・波動過程に投資・商品価値・利潤間のリミット・サイクルが形成される．このプロセスが可能になる経済構造を「資本主義」と命名することが可能である．

7 結論

経済学における複雑系の系譜としてスミス・マーシャル・シュンペーターの経済学を研究したのは，経済変動・経済機能・経済構造に内生的リミット・サイクルが形成可能かということを明らかにするためであった．シュンペーター理論がはじめて産業革命の過程で利用される科学・技術水準を与件として，そして強力な銀行による信用創造体制の下で，投資・商品価値・利潤の経済に内生的リミット・サイクルが形成されうることを明確にした．

参考文献

[1] D. Colander: *Complexity and The History of Economic Thought*, Routledge, Lonon, NewYork, 2000.
[2] R.A. Eve, Lee M.E. Horsfall: *Complexity, and Sociology,*. SAGE publication, 1997.

[3] R.M. Goodwin, 有賀裕二他訳:『線形経済学と動学理論』, 日本経済評論社, 1988.
[4] R.M. Goodwin, 有賀裕二他訳:『非線形経済動学』, 日本経済評論社, 1992.
[5] R.M. Goodwin, 有賀裕二他訳:『カオス経済動学』, 日本経済評論社, 1992.
[6] J.M. Keynes: *The General Theory of Employment, Interest and Money*, Macmilan, 1936.
[7] H.W. Lorenz, 小野崎保他訳:『非線形動学とカオス』, 日本経済評論社, 2000.
[8] K. Marx: *Das Kapital*, Bd I, 1867, BdII, 1885, BdIII, 1894. *Le capital*. Traduction de M. J. Roy, entie'rement revisée, par l'auteur, Paris Editor's Maurice, La chayte etc. 1872–75.(『フランス語版 資本論』江夏美千穂, 上杉聰彦 訳, 法政大学出版局, 1979)
[9] A. Marshall: *Principles of Economics*, Eighth Edition, Natura non facit saltum, London, Macmillian, 1890, 1964.
[10] P. Mirowski: *Machine Dreams, Economics become scybor science*, Cambridge University Press, 2002.
[11] I. Prigogine, 相沢洋二他訳:『散逸構造』, 岩波書店, 1977.
[12] I. Prigogine, 松本元他訳:『構造・安定性・ゆらぎ』, みすず書房, 1997.
[13] I. Prigogine, 小出昭一郎他訳:『存在から発展へ』, みすず書房, 1984.
[14] I. Prigogine, 伏見康治訳:『混沌から秩序』, みすず書房, 1987.
[15] I. Prigogine, 安孫子誠他訳:『複雑性の探究』, みすず書房, 1993.
[16] I. Prigogine, 安孫子誠他訳:『確実性の終焉』, みすず書房, 1997.
[17] F. Quesney: herausgegeben, eingeleitet und uebersetzt von Marguerite Kuczynski, *Tableau Oeconomique*, Akademie-Verlag, 1965.
[18] J.A. Scumpeter: *Das Wesen und der Hauptinhalt der theoretischen Nationaloekonomie*, Duncker & Hunmblot,1908, 1970.
[19] J.A. Scumpeter: *Theorie der Wirtscaftlichen Entwicklung*. Leipzig, 1912.(中山伊知郎・東畑精一訳:『経済発展の理論』, 昭和 26 年, 岩波書店.)
[20] J.A. Scumpeter: *Business CyclesI, II, A Theoretical, Historical, and Statical Analysis of the capitalist Process*, McGRAW-HILL, 1939.
[21] J.A. Scumpeter: *Capitalism Socialism and Democracy*, George Allen & Unwin, 1943.
[22] A. Smith.: *An Inquiry into the Natur and Causes of the Wealth of Nations* I, II, Liberty Fund Indianapolis,1776, 1981.
[23] L. Warlas: *Éléments D'Économie Politique pur ou Th'eorie De la Lichesse sociale*. Paris Libraire Generale de Droit et de Juristrudence, R. Pichon et R. Durand-Auzias 20 et 24, rue Soufflot. (1952, Edition Definitive Revue et Augmentee Par l'Auteur, Nouveau Tirage 1976)
[24] S. Wiggins, 丹羽敏雄監訳:『非線形の力学系とカオス』, シュプリンガー・フェアラーク東京, 2005.
[25] 小野敏夫:『経済動学の複雑性』, 学文社, 1999.
[26] 小野敏夫:『市場経済の複雑性』, 学文社, 2000.

景気循環理論と非線型動学:
IS-LM分析における展開

吉田博之

吉田博之
（よしだ ひろゆき）

- **略歴:** 1998年　神戸大学大学院経済学研究科単位取得退学
  2001年　博士（経済学）
- **現在:** 日本大学経済学部教授
- **著書:** 『景気循環の理論―非線型動学アプローチ』，名古屋大学出版会，2003.
- **専門:** マクロ経済学
- **関心事:** 日本および世界において多種多様な問題があるが，それらの解決について楽観的に思索し努力すること．

1 はじめに

景気循環は，利潤追求を第一義とする私的企業から構成される市場経済では不可避の経済現象である．高利潤が予想される機会があるならば，その分野に投資が集中的に実施され，その結果，経済全体の景気の過熱が招来される．しかしながら，その好景気も永続することはなく，資本設備の過剰がひとたび表面化するならば，企業の投資意欲は衰え，その結果，経済全体の景気の悪化を波及的にもたらす．景気循環は正確に周期的な運動を呈することはないが，景気の回復・拡張・後退・収縮といった一連の局面を反復的に繰り返す．

本章では景気循環の理論を取り扱うが，その際に，IS-LM 分析モデルを基礎にして非線型動学理論を援用した文献を紹介し解説することを最大の目的とする．非線型動学の発展によって，主として 1960 年代後半もしくは 1970 年代以降に，景気が持続的かつ内生的に生起することを明らかにする理論的論文が経済学の分野で発表され続けている．このような流れを俯瞰することは，景気循環理論の発展を理解する際に有意義であろう．

本章は，以下のように構成される．第 2 節では，日本経済の景気循環データについて確認する．第 3 節では，IS-LM 分析に関する基本モデルを導入する．第 4 節では，2 変数の微分方程式体系に関する Poincaré-Bendixson の定理を用いて極限周期軌道の存在を証明したモデルを紹介する．第 5 節では，n 変数の微分方程式体系に関する Hopf 分岐の定理を紹介し，それに関連する IS-LM 分析モデルを取り扱う．第 6 節では，タイムラグを明示的に考慮した IS-LM モデルを紹介する．第 7 節では，結合振動子の理論を紹介し，それを応用したモデルを提示する．最後の第 8 節では，簡単なまとめを行う．

2 日本経済における景気循環の実相

日本では景気動向を把握するために，生産や雇用に関する複数の指標を統合し景気動向指数を政府が作成・公表している．景気動向指数は 11 種類の先行系列，11 種類の一致系列，そして，6 種類の遅行系列から構成

される.先行系列には,新規求人数・新設住宅着工床面積などが含まれ,先行系列は景気動向を事前的に判断するために用いられる.また,一致系列には,生産指数(鉱工業)・有効求人倍率などが採用されており,一致系列は景気動向の現状を把握するために役立っている.最後に,遅行系列には,法人税収入・完全失業率などが含まれ,遅行系列は景気動向を事後的に確認するために用いられる.

図1では,景気動向指数の一致系列に採用されている生産指数(鉱工業)と有効求人倍率について,1983年から2017年10月までのデータを示している.以下では,バブル経済・いざなみ景気・アベノミクスの期間の3つの時代区分に着目し,上記2つの系列について若干の記述を加えたい.

1986年12月から1991年2月までのバブル経済の景気拡張期において,生産指数(鉱工業)と有効求人倍率が大きく上昇したことが確認できる.また,1991年にバブル経済が崩壊し,大きな景気後退が発生したことも観察できる.さらに,バブル崩壊以降のおよそ10年間は「失われた10年」と表現され,景気が停滞していたことも見てとれるだろう.特に,この期間に求人倍率は低い数値を維持し続けている.内閣府が景気基準日付を発表しているが,その第13循環にあたる1999年1月から2002年1月までの期間において有効求人倍率の平均値は0.55であった.バブル経済の絶頂期には有効求人倍率が1.4を記録していたことと比較すれば,この数値が異常に低かったことは一目瞭然であろう.

2002年2月から2008年2月までの期間において,日本経済は「いざなみ景気」と呼ばれる景気拡張を経験している.この期間に,生産指数(鉱工業)と有効求人倍率がともに持続的に上昇している.しかしながら,2007年のサブプライムローン問題の表面化や2008年のリーマンショックを契機として,いざなみ景気の拡張期は中断され,日本経済が急激な景気後退を迎えることになった.このような状況は,生産指数(鉱工業)と有効求人倍率が同時に急速に悪化したことから読み取ることが可能である.

2012年12月に第2次安倍内閣が発足し,その早い段階で経済政策の運営方針として「3本の矢」が発表された.アベノミクスの始まりである.デフレ脱却と経済成長が大きな目標とされ,大胆な金融政策,機動的な財政政策,および,民間投資を喚起する成長戦略が策定された.よ

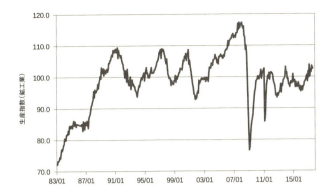

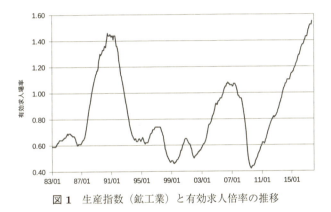

図 1 生産指数（鉱工業）と有効求人倍率の推移

り具体的には，2％のインフレ目標が明示的に宣言され，国債に対する買いオペレーションの実行による大規模な量的緩和が実施された．また，防災や減災を目的とする国土強靭化が主張され，実際に国土強靭化基本計画が 2014 年 6 月に閣議決定された．このような計画を実行するためには大規模な公共投資が必要であり，国内における総需要を増加させる要因となる．

アベノミクスの時期には，有効求人倍率が右肩上がりに上昇しながらも，他方で，生産指数（鉱工業）が一進一退の上下変動を続けていることが観察できる．特に，2014 年の消費税率の上昇（5 ％から 8 ％）を契機に生産指数（鉱工業）の山が形成されていることに注意が必要である．また，有効求人倍率について，アベノミクスの始動前の 2009 年 8 月から

上昇が始まっていることと消費税の増税ショックが強く現れていないことを考慮するならば，この時期の有効求人倍率の上昇の要因として，景気変動による効果だけではなく，労働市場における構造的かつ制度的な変化が根底にあるのではないかと推察される．このような点を深く考察していくことは，本稿の趣旨から大きく外れることになるので，将来の課題としたい．いずれにせよ，停滞的傾向が続く日本経済に対して，効果的かつ適切な政策処方箋を検討していくことが経済学の喫緊の課題であることは間違いない．

3 IS-LM 分析

IS-LM 分析は，Hicks (1937) によって開発された分析手法であり，現代のマクロ経済学の基礎を成している．賛否両論があるが，IS-LM 分析は Keynes の『一般理論』のエッセンスを定式化したものである．Keynes は，有効需要の原理を打ち立て，資本制経済において過少雇用均衡が常態的に発生することを強調したが，IS-LM 分析は，このような経済事象を単純なモデルを用いて明快に説明することに成功している．また，財市場と貨幣市場の相互依存関係によって，GDP と利子率が決定されることを明確にモデルとして定式化していることも IS-LM 分析の貢献点の一つである．このことによって，政府が財政政策と金融政策という手段を適切に利用することにより景気を制御できるという明確な理論的根拠が与えられたのである．

IS-LM 分析では，IS 曲線と LM 曲線の 2 本の方程式で経済の均衡が決定される．IS 曲線とは財市場の均衡を表す利子率と GDP の組合せであり，LM 曲線とは貨幣市場の均衡を表す利子率と GDP の組合せである．ただし，IS 曲線と LM 曲線の交点は，労働市場における均衡を意味するものではない．この交点では，非自発的失業者が存在している可能性を否定することはできない．むしろ，Keynes は資本の遊休設備と労働の失業が発生することが常態だと考えていた．

では，モデルの説明に移ろう．まずは財市場について考察しよう．消費関数は

$$C = C(Y),\ 0 < C'(Y) < 1 \tag{1}$$

であり，消費 C は GDP（国民所得）Y に依存する．また，投資関数は，投資の限界効率表を想定することにより，

$$I = I(R), \ I'(R) < 0 \tag{2}$$

であり，投資 I は利子率 R の減少関数である．以上より，政府活動を考えない場合，財市場の均衡は

$$Y = C(Y) + I(R) \tag{3}$$

で表現される．

次に，貨幣市場について考察する．貨幣保有の動機を，主として取引動機と投機的動機に分類する．GDP が増大し，取引が活発になれば，貨幣保有量は増大する．これが貨幣の取引動機である．また，利子率が上昇することによって債券価格が下落するならば，将来の債券価格の上昇が予想され，債券需要が増加する．このような事態は，貨幣需要が減少することを意味する．これを貨幣の投機的動機を呼ぶ．以上の二つの貨幣保有の動機を貨幣需要関数 L として整理すれば，

$$L = L(Y, R), \ L_Y > 0, \ L_R < 0 \tag{4}$$

と表記できる．また，貨幣供給 M は中央銀行が操作できる変数として取り扱う．とりあえずここでは，M は一定値をとるとする．以上により，貨幣市場の均衡は

$$M = L(Y, R) \tag{5}$$

と表記できる．

経済の均衡 (Y^*, M^*) は財市場と貨幣市場の同時均衡によって表現される．つまり，

$$Y^* = C(Y^*) + I(R^*) \tag{6a}$$
$$M = L(Y^*, R^*) \tag{6b}$$

を満たす．なお，一意の均衡が存在することを仮定する．また，当然のことながら，Y^* が完全雇用 GDP と等しくなる経済的機能は存在していない．

以上の説明は，均衡の決定に関する説明であり，静学分析であった．議論を一歩進めて，動学分析によって経済の調整過程を記述してみよう．微分方程式を援用することによって，以下の調整過程を定式化することができる．

基本モデル

$$\dot{Y} = \alpha[I(R) - S(Y)], \ \alpha > 0 \tag{7a}$$

$$\dot{R} = \beta[L(Y, R) - M], \ \beta > 0 \tag{7b}$$

式（7a）は財市場の調整方程式であり，財市場の不均衡がGDPという数量によって調整されていることを示している．なお，Sは貯蓄であり，定義として$S = Y - C$が成立する．また，式（7b）は貨幣市場の調整方程式であり，財市場の不均衡が利子率という価格によって調整されていることを定式化している．

では，基本モデルの定常状態の安定性について検討してみよう．定常状態は$\dot{Y} = \dot{R} = 0$によって定義されるので，式（6）を満たす値に等しい．定常状態で評価された Jacobi 行列は

$$J = \begin{bmatrix} -\alpha S'(Y^*) & \alpha I'(R^*) \\ \beta L_Y(Y^*, R^*) & \beta L_R(Y^*, R^*) \end{bmatrix} \tag{8}$$

となる．これに対応する特性方程式は

$$\lambda^2 + b_1 \lambda + b_2 = 0 \tag{9}$$

となる．ただし，

$$b_1 = \alpha S' - \beta L_R > 0 \tag{10a}$$

$$b_2 = -\alpha\beta(S'L_R + I'L_Y) > 0 \tag{10b}$$

となる．これは微分方程式体系における定常点の局所的安定性を保証する Routh-Hurwitz の条件を満たす．したがって，定常状態 (Y^*, M^*) が局所的に安定であることがわかる．

4 平面における極限周期解の理論

本節で考察するのは，次のような 2 変数で構成される微分方程式体系である．

$$\dot{x} = F(x, y) \tag{11a}$$
$$\dot{y} = G(x, y) \tag{11b}$$

この微分方程式体系は平面のある領域 D において定義されており，関数 F と G が C^1 級であるとする．このとき，微分方程式体系 (11) の初期値問題に関する解は一意に存在することが主張できる．なお，解の一意性という性質によって，微分方程式の解の軌道は平面上で決して交差することがないことが保証されることにも注意すべきである．

平面における周期解の存在については，Poincaré-Bendixson の定理が有名である[*1]．この定理は 2 変数の微分方程式体系についてのみ適用可能である．

Poincaré-Bendixson の定理

平面上の微分方程式の解軌道について，非空でコンパクトな極限集合が定常点を含まないならば閉軌道である．

Poincaré-Bendixson の定理によって証明される閉軌道 γ は，$\lim_{t \to +\infty} d(\phi_t(p_0), \gamma) = 0$，もしくは $\lim_{t \to -\infty} d(\phi_t(p_0), \gamma) = 0$ という性質を持つ．ただし，$\phi_t(p_0)$ は初期点を p_0 とする解軌道上の t 時点の点であり，$d(\phi_t(p_0), \gamma)$ は 2 者の距離を表している．つまり，$\lim_{t \to +\infty} d(\phi_t(p_0), \gamma) = 0$ という条件は，$t \to +\infty$ のときに，解軌道 $\phi_t(p_0)$ が閉軌道 γ に巻きついていくことを示している．また，$\lim_{t \to -\infty} d(\phi_t(p_0), \gamma) = 0$ という条件は，$t \to -\infty$ のときに，解軌道 $\phi_t(p_0)$ が閉軌道 γ に巻きついていくことを表している．

この定理は平面に限定された定理である．なお，この定理では，極限周期軌道の個数やその安定性について述べられていないことにも注意を

[*1] Poincaré-Bendixson の定理の数学的に詳しい議論は，Hirsch and Smale (1974) を参照のこと．

要する.もし,極限周期軌道が複数存在するならば,どの周期軌道に収束するかは初期値に依存することになる.

Poincaré-Bendixson の定理を IS-LM 分析に対して応用した論文として,Schinasi (1982), Benassy (1984), Sasakura (1994) などがある.なお,Sasakura (1994) は Schinasi (1982) の分析を数学的に完全な形で展開した論文である.ここでは,Sasakura モデルを取り上げる.

Sasakura モデル

$$\dot{Y} = \alpha[I(Y,R) + G - S(Y^D) - T(Y)],\ \alpha > 0 \qquad (12a)$$

$$\dot{R} = \beta[L(Y,R)) - M],\ \beta > 0 \qquad (12b)$$

$$\dot{M} = G - T(Y) \qquad (12c)$$

ただし,G は政府支出,T は租税収入,Y^D は可処分所得であり,$Y^D = Y - T$ である.

ここで,前節の基本モデルと異なる点について主なものを 3 点のみ指摘しておこう.第 1 点は,政府の財政活動を想定しているということである.これによって,財市場における超過需要は,$I + G - S - T$ と変更される.政府支出は外生変数であるが,租税は GDP に依存すること ($0 < T'(Y) < 1$),また,貯蓄は可処分所得に依存すること ($0 < S'(Y^D) < 1$) を想定する.

第 2 点は,投資が GDP に依存していることである.投資関数は Kaldor (1940) と同様に S 字型であることを想定する.つまり,

$$\partial I/\partial Y = I_Y > 0,\ I_{YY} > 0\ (Y^* < Y),\ I_{YY} > 0\ (Y < Y^*) \qquad (13)$$

第 3 点として,財政赤字は貨幣供給 M の増額によって調達されることを想定していることである.この想定は式 (12c) において反映されている.なお,基本モデルでは,M は外生変数であったが,Sasakura モデルでは,内生変数となっていることに注意が必要である.

なお,上のモデルは 3 変数の微分方程式体系である.Poincaré-Bendixson の定理を援用するためには,次元を 1 つ減らす必要がある.この点について,貨幣市場の調整が非常に速いことを想定する ($\beta \to +\infty$).この想定

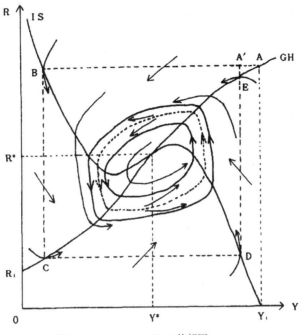

図 2　Sasakura モデルの位相図
出所：Sasakura (1994, Figure 1)

によって，常に $M = L(Y, R)$ が成立する．したがって，前述の Sasakura モデルは以下のように集約できる．

$$\dot{Y} = \alpha[I(Y, R) + G - S(Y^D) - T(Y)] \tag{14a}$$

$$\dot{R} = (1/L_R)(G - T(Y)) - \alpha(L_Y/L_R)[I(Y, R) + G - S(Y^D) - T(Y)] \tag{14b}$$

この微分方程式体系は，いくつかの条件を追加することによって，図 2 に示す位相図にまとめることができる．この図から明らかなように，十分な時間が経過するならば，経済の軌道は有界閉集合である領域 $A'BCD$ に閉じ込められる．また，定常状態が局所的に不安定であるので，Poincaré-Bendixson 定理を適用することが可能であり，極限周期軌道が存在することが論証される．

また，常微分方程式体系において，極限周期軌道を取り扱うことのできるものとして，Levinson-Smith の方程式も経済分析に用いることがで

きる.

Levinson-Smith の方程式は

$$\ddot{x} + f(x)\dot{x} + g(x) = 0 \tag{15}$$

という形式で表現され，以下の定理が成立する．

─ Levinson-Smith の定理 ──────────────

もし以下の条件が満足されるならば，Levinson-Smith の方程式は一意の周期解を持つ．

(LS-1)　 $-x_1 < x < x_2$ に対して，$f(x) < 0$，その他の場合には $f(x) \geq 0$ となるような $x_1 > 0$ と $x_2 > 0$ が存在する．
(LS-2)　 $|x| > 0$ に対して，$xg(x) > 0$．
(LS-3)　 $\int_0^{\pm\infty} g(x)dx = \int_0^{+\infty} f(x) = +\infty$．
(LS-4)　 $G(-x_1) = G(x_2)$．ただし，$G(x) = \int_0^x g(s)ds$ である．

この定理は，Levinson and Smith (1942, p.397–398, Theorem III) において提示されている．この定理の特徴は，関数 $f(x)$ と $g(x)$ の形状に対して特定の想定を付加することによって，極限周期軌道の一意性を証明していることにある．

この定理を利用して，IS-LM モデルにおける景気循環の存在と一意性を論じているものとして，Schinasi (1981) と Lorenz (1993, Chapter 5.3.3) を指摘することができる．なお，極限周期軌道の一意性が保証される場合には，初期値に依存することなく，終局的な景気循環の振幅や周期が決定されることに注意すべきである．

5　分岐理論

分岐理論とは，微分方程式の関数形を規定する外生的パラメーターが変化したときに，微分方程式の解軌道に対してどのような質的変化が発生するのかを研究する理論である．一般的には，Hopf 分岐，鞍点−結節点分岐，安定性交替分岐，そして，熊手型分岐が有名である．

本節では，景気循環理論で多用される Hopf 分岐について解説する．Hopf 分岐の定理はパラメーターの変化に伴い，内生的に循環する解軌道

が発生することを主張する[*2].なお,この定理は n 変数の 1 階微分方程式体系に対して適用可能である.

Hopf 分岐の定理

微分方程式体系 $\dot{x} = f(x;\mu), x \in R^n$ を考える.なお,$\mu \in R$ はパラメーターである.さらに,この体系には,$\mu = \mu_0$ において,定常点 x^* が存在するものとする.そして,この体系は以下の条件 (H-1) と (H-2) を満たすものと仮定する.

(H-1) この体系の特性方程式 $|\lambda I - Df(x^*;\mu_0)| = 0$ は,1 組の純虚数を持ち,その他には実数部分がゼロになる根を持たない.このとき,この体系の定常点 $x^*(\mu)$ の滑らかな曲線(もちろん,$x^*(\mu_0) = x^*$ である)が存在することが示唆される.$\mu = \mu_0$ のときに純虚数である,$|\lambda I - Df(x^*;\mu_0)| = 0$ の特性根 $\lambda(\mu), \bar{\lambda}(\mu)$ は μ に関して滑らかに変化する.さらに,

(H-2) $\left. \dfrac{d}{d\mu}(Re\lambda(\mu)) \right|_{\mu=\mu_0} \neq 0$

が成立する.ここで,$Re\lambda$ は λ の実数部分である.

このとき,$\mu = \mu_0$ において $x^*(\mu_0)$ から分岐する周期解が存在する.

Hopf 分岐定理の適用について,以下の数値例で確認しておこう.

$$\dot{x} = \mu x - 2y + xy \tag{16a}$$

$$\dot{y} = 2x + \mu y + xy \tag{16b}$$

定常状態は $\dot{x} = \dot{y} = 0$ で定義される.この微分方程式体系では,複数の定常点が存在するが,ここでは,原点 $(x^*, y^*) = (0, 0)$ についてのみ着目する.定常点である原点で評価された Jacobi 行列は

$$J = \begin{bmatrix} \mu & -2 \\ 2 & \mu \end{bmatrix} \tag{17}$$

[*2] Hopf 分岐の定理については,Guckenheimer and Holmes (1983) が詳しい.

となる．これに対応する特性方程式は

$$\lambda^2 - 2\mu\lambda + \mu^2 + 4 = 0 \tag{18}$$

であり，これを解くと，

$$\lambda_{1,2} = \mu \pm 2i \tag{19}$$

を得る．ただし，i は虚数である．μ を分岐パラメーターとして考えると，$\mu = 0$ のとき，(H-1) と (H-2) を満たすことは明らかである．したがって，上の数値例において，$\mu = 0$ のとき，$(x^*, y^*) = (0, 0)$ から分岐する周期解が存在することがわかる．

以下では，Hopf 分岐を応用した IS-LM モデルとして，Torre (1977) を紹介しよう．

Torre モデル

$$\dot{Y} = \alpha[I(Y, R) - S(Y, R)] \tag{20a}$$
$$\dot{R} = \beta(L(Y, R)) - M) \tag{20b}$$

前節で提示した基本モデルとは異なり，投資関数が GDP に依存するという想定がモデルの重要な要素である．ここでは，$I_Y > 0$ かつ $I_Y - S_Y > 0$ が仮定される．定常点の近傍で評価された Jacobi 行列は

$$J = \begin{bmatrix} \alpha(I_Y - S_Y) & \alpha(I_R - S_R) \\ \beta L_Y & \beta L_R \end{bmatrix} \tag{21}$$

となる．これに対応する特性方程式は

$$\lambda^2 + b_1 \lambda + b_2 = 0 \tag{22}$$

であり，

$$b_1 = -\alpha(I_Y - S_Y) - \beta L_R \tag{23}$$
$$b_2 = \alpha\beta[(I_Y - S_Y)L_R - (I_R - S_R)L_Y] \tag{24}$$

となる．

ここで, $(I_Y - S_Y)L_R - (I_R - S_R)L_Y > 0$ を追加的に仮定するならば, $\alpha_H(I_Y - S_Y) + \beta L_R = 0$ を満たす $\alpha_H(>0)$ が存在し, それが Hopf 分岐点となる. つまり, $\alpha = \alpha_H$ において, Hopf 分岐の条件（H-1）と（H-2）が満たされ, $\alpha = \alpha_H$ が, 定常状態の局所的安定性の切換点となるのである.

6 タイムラグとマクロ経済動学

タイムラグを明示的に取り入れたマクロ経済動学モデルを分析することは古くから試みられている. たとえば, Frisch (1933) や Kalecki (1935) がある. 彼らのモデルは, 投資設備の発注から稼動までの期間を投資の懐妊期間として着目し, マクロ経済モデルを構築した先駆的業績である. これらのモデルを分析する際には, 必然的に, 差分-微分方程式の理論を援用することが必要であり, Frisch and Holme (1935) や James and Belz (1938) などがその問題に挑戦している. 差分-微分方程式における定常点の安定性を確定するためには, その特性方程式が保有する無限個の解について分析する必要があり, 一般的で定性的な数学理論を確立することは非常に困難である. このような事情を反映して, 1930 年代以降, 差分-微分方程式を適用した経済モデルの分析は下火となった.

しかしながら近年では, カオス動学の理論的進展とコンピュータによる数値解析の容易化という事情が重なって, タイムラグを導入したモデル分析に関する論文が数多く発表されつつある. 先に述べたように, 差分-微分方程式の定性理論を開発することは困難であるので, 近年の研究では, 数値計算によってカオス動学の発生を論証することを重視する傾向がある.

マクロ経済におけるタイムラグを導入する際に, 投資の懐妊期間以外に「政策ラグ」を考慮することが多い. 政策ラグとは政府行動に関連して発生するタイムラグである. 特に, Friedman (1948) において, 政策ラグの存在によって, Keynes 的有効需要管理政策が政府の意図に反して経済の不安定化要因となることが主張されたことは有名である. Friedman の指摘する政策ラグは, 政策決定者の認知ラグ・実行ラグ, そして, 政策の効果ラグなどから構成される. 政策ラグと経済安定化政策の効果についてモデル分析を行った論文として, Asada and Yoshida (2001), Liao,

Li and Zhou (2005),そして Cesare and Sportelli (2012) などがある.

政策ラグをモデル化するならば,たとえば,以下のように財政政策行動が定式化されるであろう.

$$G(t) = G_0 + \gamma(Y_F - Y(t-\tau)),\ \gamma > 0,\ \tau > 0 \tag{25}$$

この定式化では,常に固定的なラグ τ が存在していることを想定している. t 期の財政支出は $(t-\tau)$ 期の経済状態に影響を受けていることになる.なお, Y_F は完全雇用 GDP を示す.このような定式化を採用するならば,経済システムは差分−微分方程式体系によって記述されることになる.

固定ラグの想定に対して,代替的な想定を導入することも可能である.たとえば,分布ラグという形式を導入することによって,モデルを構築することもできる.つまり,加重関数 $w(s)$ を導入することによって

$$G(t) = G_0 + \gamma \int_{-\infty}^{t} [Y_F - Y(s)]w(s)ds \tag{26}$$

として新たな財政策ルールを表現することができる.ここで,

$$w(s) = \left(\frac{n}{\tau}\right)^n \frac{(t-s)^{n-1}}{(n-1)!} e^{-(n/\tau)(t-s)},\ \tau > 0$$

と定義する.ただし, n は正の整数である. $w(s)$ は加重関数である. $n=1$ のとき,関数 $w(s)$ は指数分布を形成する.また, $n \geq 2$ のときには,関数 $w(s)$ はひとこぶ型の関数であり, $s = t-(n-1)\tau/n$ において極値をとる.なお, n の増加とともに,関数 $w(s)$ が $s = t-\tau$ の近傍で急峻な峰を形成するようになり, $n \to +\infty$ の場合には,固定ラグの状況と一致することになる.

さらに,税収に関するタイムラグを考慮した文献もある.たとえば,Cesare and Sportelli (2005),Fanti and Manfredi (2007),そして Neamtu, Opris and Chilarescu (2007) などである.ここでは,Fanti-Manfredi モデルを紹介しておこう.彼らは,GDP の加重平均値を

$$Z(t) = \int_{-\infty}^{t} Y(s)w(s)ds \tag{27}$$

と定義し,さらに,加重関数として

$$w(s) = \left(\frac{1}{\tau}\right) e^{-(1/\tau)(t-s)},\ \tau > 0 \tag{28}$$

を採用している．このような前提のもとに，以下のモデルが提示される．

Fanti-Manfredi モデル

$$\dot{Y} = \alpha\left[I(Y,R) + G - S\left(Y - \theta\int_{-\infty}^{t} Y(s)w(s)ds\right)\right.$$

$$\left. - \theta\int_{-\infty}^{t} Y(s)w(s)ds\right] \tag{29a}$$

$$\dot{R} = \beta(L(Y,R)) - M \tag{29b}$$

$$\dot{M} = G - \theta Y \tag{29c}$$

ただし θ は税率である．なお，この動学方程式体系は，積分–微分方程式体系である．ただし，加重関数 (28) を想定することによって，以下の常微分方程式体系に変形できる．

$$\dot{Y} = \alpha[I(Y,R) + G - S(Y - \theta Z) - \theta Z)] \tag{30a}$$

$$\dot{R} = \beta(L(Y,R)) - M \tag{30b}$$

$$\dot{M} = G - \theta Y \tag{30c}$$

$$\dot{Z} = (1/\tau)(Y - Z) \tag{30d}$$

このモデルを数値計算することにより，Fanti and Manfredi は図 3 で示されているようなカオス的挙動を観察している．

現実経済の動学過程において，物理的要因や制度的要因でタイムラグが存在していることは紛れもない事実である．これまでのところ，多くの場合，タイムラグの存在を無視して，モデル構築が行われてきたことは否定できない．しかしながら，近年のダイナミカルシステム理論の発展により，タイムラグがシステムの定常点の動学的性質に大きな影響を与えることが理解されるようになってきた．このような研究成果は，現実の政策運営に対して大きな示唆を与えるものである．

7　結合振動子

本節では，結合振動子の理論を援用することによって，IS-LM モデルにおける景気循環を考察している論文を紹介したい．その際に，注目す

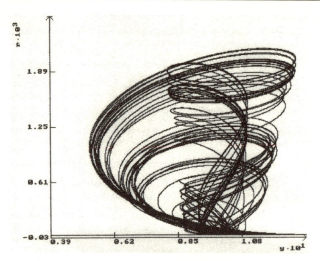

図3　Fanti-Manfredi モデルの位相図
出所：Fanti and Manfredi (2007, Figure 2)

る中心的な知見は，周期的に振動しているシステムを結合させると，その統合されたシステムがカオス的振動を生み出すことになるという知見である．たとえば，Pastor, Perez-Garcia, Encinas-Sanz, and Guerra (1993) で明らかにされているように，独立した van der Pol 方程式では極限周期軌道が発生するが，van der Pol 方程式を2つ結合させると，相互依存作用によってカオス動学が発生する．

　経済現象では，個々のミクロシステムが結合することによって全体としてのマクロシステムが形成されるという構造が多く見受けられる．たとえば，りんごの市場や自動車の市場が結合されることによって，日本経済における財市場が形成される．また，別の例として，日本市場やイギリス市場など世界各国の市場が結合されることによって，世界経済市場が形成される．このように「部分と全体」もしくは「ミクロとマクロ」の階層的関係に焦点を当ててマクロ経済を考えていくことは非常に重要である．

　このような研究として，Lorenz (1987, 1993)，Asada, Misawa, and Inaba (2000)，および Asada, Inaba, and Misawa (2001) などがあり，IS-LM 分析モデルを基本にして海外貿易を含むように拡張することによって独自のモデルが構築されている．ここでは，Lorenz モデルを紹介

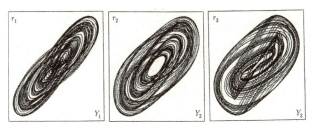

図 4 Lorenz モデルの位相図
出所：Lorenz (1993, Figure 5.10)

しよう．

Lorenz モデル

$$\dot{Y}_i(t) = \alpha_i[I_i(Y_i, r_i) - S_i(Y_i, r_i) + EX_i(Y_j, Y_k) - IM_i(Y_i)] \tag{31a}$$

$$\dot{r}_i(t) = \beta_i[L(Y_i, r_i) - M_i], \quad i, j, k = 1, 2, 3; j, k \neq i \tag{31b}$$

なお，添字の i は i 国の数値であることを示し，EX_i は i 国の輸出であり，IM_i は i 国の輸入である．

Lorenz モデルは，3 国で構成された世界経済モデルであり，財の貿易によって各国の財市場が直接的に結合されている．なお，貨幣市場では海外取引を想定していないが，GDP の変動が貨幣需要に影響を与えることを考慮するならば，貨幣市場において間接的に海外の経済動向の影響が含まれていることになる．なお，Lorenz による数値計算の結果は図 4 に示されており，第 1 国，第 2 国，第 3 国それぞれにおいて，GDP と利子率のカオス的変動が発生していることがわかる．

各国経済を結びつける要因は，もちろん貿易だけではない．現在の経済状況を鑑みるに，経済のグローバル化が進展していることは否定することのできない事実である．企業が利潤を獲得するための行動は，1 国に制限されるのではなく，国境を越えている．たとえば，自社製品に十分な販路が確保されることが予想されたり，人件費が低いことが予想されれば，資本家が外国で直接投資を実施し，現地生産を実行することも大いに盛んである．このような「グローバル資本家」に注目して，Ishiyama and Saiki (2005) や Saiki, Chian, and Yoshida (2011) などが世界経済モデルを構築している．ただし，これらの文献は，貨幣市場を考察した

IS-LM モデルではなく，Goodwin の成長循環モデルの拡張モデルに分類されるものである．

8 おわりに

本章では，伝統的な IS-LM 分析について，非線型動学を応用した文献を軸にして，景気循環の理論モデルを提示してきた．基本モデルに対して，有効需要管理政策としての財政政策，財政赤字の調達手段としての貨幣供給調整政策，Kaldor 的な投資関数，政策ラグの存在などを新たに導入し，モデルを再構成することによって豊富な経済学的含意を導き出すことが可能であることを確認してきた．

リーマン・ショック以降，Krugman や Mankiw といった高名な経済学者たちが伝統的な IS-LM 分析の有用性について発言してきている．このような発言は，専門的学術誌や大学院教育の場において，完全な合理性を備えた経済人を仮定したモデルが重視され，伝統的 IS-LM 分析が軽視されている現状への反発である．もちろん，専門的学術誌の中で，伝統的 IS-LM 分析がそのままの形で復活する可能性は薄いであろうが，Keynes 的な志向を明言し，貨幣市場と財市場の相互依存関係を重視したモデルを開発する傾向は少なからず存在している．たとえば，McCallum and Nelson (1999) は，動学的最適化の手法を用いつつ，価格調整の粘着性を伴った IS-LM 分析について考察している．また，Ono (1994) や Yoshida and Tashiro (2018) は，動学的最適化 IS-LM モデルを用いて，恐慌や不況が流動性の罠を伴いながら長期的に継続することを論証している．このようなモデルの結論はバブル経済崩壊後の「失われた 10 年」を考察する理論的基礎を与えるものである．

なお，Colander (2004) は IS-LM 分析の将来として，複雑系理論やエージェントベースモデルとの融合の可能性を論じている．このように，IS-LM 分析は新たな分析ツールを援用することにより，マクロ経済学における基本的枠組を今後も提供し続けるであろう．多くの研究者による真摯な努力を期待する次第である．

謝辞

この論文は，稲葉敏夫先生の古希を祝して執筆された．稲葉先生からは長年にわたり多大なるご支援ご指導を頂いた．ここに記して，ささやかながらお祝いと謝意を申し上げる次第である．

参考文献

[1] Asada, T., Inaba, T. and Misawa, T. (2001) An interregional dynamic model: the case of fixed exchange rates. *Studies in Regional Science*, 31, 29–41.

[2] Asada, T., Misawa, T. and Inaba, T. (2000) Chaotic dynamics in a flexible exchange rate system: A study of noise effects. *Discrete Dynamics in Nature and Society*, 4, 309–317.

[3] Asada, T. and Yoshida, H. (2001) Stability, instability and complex behavior in macrodynamic models with policy lag. *Discrete Dynamics in Nature and Society*, 5, 281–295.

[4] Benassy, J.- P. (1984) A non-Walrasian model of the business cycle. *Journal of Economic Behavior & Organization*, 5, 77–89.

[5] Cesare, L. D. and Sportelli, M. (2005) A dynamic IS-LM model with delayed taxation revenues. *Chaos, Solitons & Fractals*, 25, 233–244.

[6] Cesare, L. D. and Sportelli, M. (2012) Fiscal policy lags and income adjustment processes. *Chaos, Solitons & Fractals*, 45, 433–438.

[7] Colander, D. (2004) The strange persistence of the IS-LM model. *History of Political Economy*, 36, 305–322.

[8] Fanti, L. and Manfredi, P. (2007) Chaotic business cycles and fiscal policy: An IS-LM model with distributed tax collection lags. *Chaos, Solitons & Fractals*, 32, 736–744.

[9] Friedman, M. (1948) A monetary and fiscal framework for economic stability. *American Economic Review*, 38, 245–264.

[10] Frisch, R. (1933) Propagation problems and impulse problems in dynamic economics. In *Economic Essays in Honour of Gustav Cassel*, 171–205 London: Allen & Unswin.

[11] Frisch, R. and Holme, H. (1935) The characteristic solutions of a mixed Difference and differential equation occurring in economic dynamics. *Econometrica*, 3, 225–239.

[12] Guckenheimer, J. and Holmes, P. (1983) *Nonlinear Oscillations, Dynamical Systems, and Bifurcations of Vector Fields*. New York: Springer.

[13]　Hicks, J. R. (1937) Mr. Keynes and the "Classics"; A Suggested Interpretation. *Econometrica*, 5, 147–159.
[14]　Hirsch, M. W. and Smale, S. (1974) *Differential Equations, Dynamical Systems, and Linear Algebra*. New York: Academic Press.
[15]　Ishiyama, K. and Saiki, Y. (2005) Unstable periodic orbits and chaotic economic growth. *Chaos, Solitons & Fractals*, 26, 33–42.
[16]　James, R. W. and Belz, M. H. (1938) The significance of the characteristic solutions of mixed difference and differential equations. *Econometrica*, 6, 326–343.
[17]　Kaldor, N. (1940) A model of the trade cycle. *Economic Journal*, 50, 78–92.
[18]　Kalecki, M. (1935) A macro-dynamic theory of business cycles. *Econometrica*, 3, 327–344.
[19]　Levinson, N. and Smith, O. K. (1942) A general equation for relaxation oscillations. *Duke Mathematical Journal*, 9, 382–403.
[20]　Liao, X., Li, C. and Zhou, S. (2005) Hopf bifurcation and chaos in macroeconomic models with policy lag. *Chaos, Solitons & Fractals*, 25, 91–108.
[21]　Lorenz, H.-W. (1987) International trade and the possible occurrence of chaos. *Economics Letters*, 23, 135–138.
[22]　Lorenz, H.-W. (1993) *Nonlinear Dynamical Economics and Chaotic Motion*. Second, Revised and Enlarged Edition, Berlin: Springer.
[23]　McCallum, B and Nelson E. (1999) An optimizing IS-LM specification for monetary policy and business cycle analysis. *Journal of Money, Credit and Banking* 31, 296–316.
[24]　Neamtu, M., Opris, D. and Chilarescu, C. (2007) Hopf bifurcation in a dynamic IS-LM model with time delay. *Chaos, Solitons, & Fractals*, 34, 519–530.
[25]　Ono, Y. (1994) *Money, Interest, and Stagnation – Dynamic Theory and Keynes's Economics*. Oxford University Press: Oxford.
[26]　Pastor, I., Perez-Garcia, V. M., Encinas-Sanz, F. and Guerra, J. M. (1993) Ordered and chaotic behavior of two coupled van der Pol oscillators. *Physical Review E*, 48, 171–182.
[27]　Saiki, Y., Chian, A. C. L., and Yoshida, H. (2011) Economic intermittency in a two-country model of business cycles coupled by investment. *Chaos, Solitons & Fractals*, 44, 418–428.
[28]　Sasakura, K. (1994) On the dynamic behavior of Schinasi's business cycle model. *Journal of Macroeconomics*, 16, 423–444.
[29]　Schinasi G. J. (1981) A nonlinear dynamic model of short run fluctuations. *Review of Economic Studies*, 48, 649–656.

[30] Schinasi G. J. (1982) Fluctuations in a dynamic intermediate-run IS–LM model: Applications of the Poicare–Bendixon theorem. *Journal of Economic Theory*, 28, 369–375.

[31] Torre, V. (1977) Existence of limit cycles and control in complete Keynesian systems by theory of bifurcations. *Econometrica*, 45, 1457–1466.

[32] Yoshida, H. and Tashiro, S. (2018) Recessions in Japan and the United States: An Optimizing IS-LM Framework with the New Keynesian Phillips Curve. forthcoming in *International Journal of Economic Issues*.

社会物理学と考現学との接点

山崎義弘

山崎義弘 (やまざき よしひろ)

- **略歴**: 1994年　京都大学工学部原子核工学科卒業
  1999年　京都大学大学院理学研究科物理学・宇宙物理学専攻博士後期課程修了，博士(理学)
  日本学術振興会特別研究員(広島大学)，中央大学理工学部教育技術員，助手，
  早稲田大学理工学部専任講師，助教授，
  早稲田大学理工学術院先進理工学部准教授を経て，
- **現在**: 早稲田大学理工学術院先進理工学部物理学科 教授
- **専門**: 統計物理学，非線形動力学，複雑系科学，数理モデリング

1 はじめに

1.1 背景

　情報をいかに効率よく取得し伝達するかという課題は個人の生存にも関わる重要な問題であり，したがって，人間の基本的な行動原理ともいえる．「より速く・より大量に」という効率性の追求も当然の帰結として理解できなくはない．個人における情報の授受を素因として，個人の集団系である家族・社会・国家の性質を議論することもできよう．このとき，個人は情報を伝達する内部状態を持った媒体として扱われる．

　現在，情報の受け渡しは主に電気的な信号に基づいて行われている．以前は電話やテレビがその主流であったが，1980 年代に一般的な拡がりを見せはじめたインターネットによって情報授受の状況は一変した．1990 年代には WWW (World Wide Web) が出現し，情報へのリンクを多数集めたサイトが情報収集の入口（ポータルサイト）として利用された（たとえば，Yahoo! など）．また，個人間の情報伝達には，電子メールと呼ばれる手段が用いられるようになった．2000 年代には Google に代表される検索エンジンが利用されはじめ，大量に集められた情報から「いかに必要な情報を探し出すか」という技術の開発が課題となった．また同じ頃，共通の話題に興味を持つ個人がインターネット内でグループを構成する SNS (Social Networking Service) が一般に認知されはじめる．SNS の代表的なものとしては現在，Facebook や Twitter などが挙げられよう．SNS はインターネットが普及する以前からあった同好会やサークルと呼ばれる集団系に対応するものといえる．2010 年代に入ってからも多様な集団系の構築が模索されている．たとえば，あるプロジェクトに参加する個人からなる集団系に対して，その系内でのコミュニケーションを促進するツールとして Slack や Trello といったサービスがある．さらに，人間だけでなく機械（ロボット）や物体も情報伝達の媒体として利用する技術 (IoT, Internet of Things) の開発が進められている．これは，遠隔操作による自動制御化の一種ともいえる．

　インターネットを基盤とした新しい技術開発は，これまでわれわれが気づかなかった，または，過去に指摘されていたが埋もれてしまった，個

人を要素とした集団系（社会）の普遍的性質を浮かび上がらせる．たとえば，1967年，ミルグラムがイェール大学時代に行ったスモール・ワールド実験がある．現在では「6次の隔たり」というキャッチフレーズと共に示されるこの実験の結果は，自然現象や社会現象に存在する複雑系ネットワークが有する「スモール・ワールド性」という普遍的性質の具体例として認識されている．ミルグラムの実験自体は，アメリカの国内で行われた数百人程度の手紙のやりとりである．現在からすれば系としては小さく，特殊な一例であるかもしれない．しかしながら，ミルグラムはこの特殊な一例を通して，スモール・ワールドという系の詳細に依らない普遍的な性質を抽出した．これは個別（特殊）な事象から普遍的性質や基本的概念を抽出し，今度はそれらの性質・概念に基づいて，当初問題にしていなかったさまざまな現象を統一的に俯瞰するということの例であり，新しい分野や学問が形成されていく瞬間を垣間見ているといえよう．

近年，インターネットを利用することに対する敷居が低くなり，大量のデータがいつでも簡単に収集できるようになった．これに伴って，個体の集団系（われわれの社会）の構造が，離れていても常時，誰かと（何かと）つながっている状態 (always-on state) へと変化している．変化する社会構造に合わせて，構成要素である個体（人間）の内部自由度（生活スタイル）も変化しつつある．このような個体間の大域的相互作用が強くなる社会の動的変化において，これまでに知られていない普遍的性質が社会に潜んでいるかどうかを探るのも興味深い．

インターネットの出現に限らず，機器・装置の技術開発が新たな視点をもたらすことは歴史的によくある．特定の個体を識別し，その個体の位置変化を追跡する（トラッキング）技術はその一例であろう．湯川秀樹が1947年から1965年にかけて発表したエッセイや講演録をまとめた「創造的人間」には，図形認識に関する記述が複数に渡って見られる [1]．特に，複雑な図形認識として人間の顔の判別を例に挙げ，記憶力と論理的思考力を持つ電子計算機であったとしても人間と同等の判別を行うことはきわめて困難であろうと述べている．その当時の電子計算機の性能からすれば，計算機が人の顔を見分けるのは不可能だと考えることも無理はない．しかしながら現在は，より速く大容量のデータを扱えるようになったことで，顔の判別は実用化されるまでに至っている．

トラッキングの技術はスポーツにも応用されている．たとえば，野球においては PITCHf/x と呼ばれる装置が導入され，ピッチャーの投げたボールの軌道を詳細に測定することができるようになった．そして，投手によるボールの握りだけでなく，投げた後の軌道でストレートやカーブといった球種を判別する方法も考案されている．サッカーにおいても，日本では 2015 年に日本プロサッカーリーグ（J リーグ）でトラッキングシステムが導入され，現在，0.04 秒ごとに全選手（および，全審判）の位置データが取得されている．そのほか，2017 年にはカーネギーメロン大学の Zhe Cao らが，画像や動画から人体の姿勢を検出し，腰・膝・首・肩といったいくつかの代表的な人体の場所を指し示す座標を取得する openpose と呼ばれる手法を発表している．人体の姿勢検出は，たとえば，フェンシングや剣道における間合いや構えといった，対戦型スポーツの勝負に関わる選手の状態を客観的に特徴づける際にも重要な役割を果たすものと考えられる．

1.2　本稿の立場・目的

　大量なデータが簡単に手に入るようになった現在，そのデータからいかに有用な情報を抽出するかということが問題となっている．この問題を扱う代表的な研究分野は統計学であろう．実際，統計学的手法を用いて，手持ちのデータから未来や相手の動向を予測することが主目的になっているように思われる．統計学においては，着目している現象の背後に原理や法則があるかどうかにかかわらず，また，原理から理論的に求められるであろう真の値が実際に存在するかどうかにかかわらず，尤もらしい値をいかに評価するかということに重点が置かれている．一方，現象の背後に潜む原理があると信じ，統計学的手法を用いて，その原理，および，原理に基づく法則を明らかにしようとする立場（統計物理学）もある．本稿では，統計物理学に基づいて社会現象を観ようと試みている．

　統計物理学の一つの発展として，非線形動力学と相まって，現在，複雑系科学や非線形科学と称される研究分野が存在する．この分野は，さまざまな系に観られる現象の間に，それぞれの系の詳細に依らない共通点を見出そうとする立場にある．この立場にある代表的な研究分野としては熱力学が挙げられよう．熱力学は，ある系に対して操作を行ったときの系の応答について，エネルギーを中心的な物理量として，操作と応

答との間に成り立つ一般的な関係をまとめたものである．一方，蔵本由紀が『新しい自然学』の中で，非線形科学は主語であるモノから離れた，動きを表す述語に重きを置く立場に属する研究分野であると主張している [2]．系の静的な状態（平衡状態）の変化に着目することで構築された熱力学に対して，非線形科学・複雑系科学は動的な（非平衡）状態に着目している．そして，動的な状態に対しても系の詳細に依らない共通の不変構造があるということを念頭に置いている．不変構造を見据え，一見何の関係もないような種々の現象を束ねるようにして複雑系科学の概念が生まれ深化していく．

本稿について，第 2 章では，社会物理学の先駆者として知られるケトレーの考え方を踏まえ，その後発展した統計物理学について概観する．特に，複雑系科学に重要な影響を及ぼしている相転移および臨界現象について触れる．現在の社会物理学は相転移および臨界現象をはじめとして，統計物理学・複雑系科学で培われた手法・考え方に基づいて成り立っている．第 3 章では，民俗学の研究者である今和次郎が提唱した「考現学」を概観する．今和次郎は，いま生活している人間の行動や現代風俗に対して，科学的（統計的）な手法を取り入れて研究すべきだとして，考古学の対比から考現学を提唱した．考現学の研究姿勢は現在の社会物理学に通ずるものがあるように思われる．また，日本における複雑系科学の先駆者ともいえる寺田寅彦について，考現学が生まれた歴史的背景として言及する．寺田寅彦は，統計的視点を取り入れた物理学研究の必要性をいち早く提唱している．第 4 章では，社会現象の一例として都市の人口分布に着目し，社会物理学と考現学との接点についての考察を試みる．この考察は，社会物理学におけるテーマの一つである分布形成ダイナミクスに基づいて行われている．最後に第 5 章で本稿のまとめを行う．

2 社会物理学と統計物理学

2.1 社会物理学のはじまり

社会物理（仏語では physique sociale，英語では social physics）という言葉はケトレー（Lambert Adolphe Jacques Quételet, 1796-1874）によって用いられ，有名になった．ケトレーはもともと数学および天文学

に興味を持ち，天文に関する膨大な観測データを処理するためには統計的手法が重要であることを認識していたとされる．1835年には社会物理学として代表的な著作である "Sur l'homme et le développement de ses facultés" が出版されている（その後，1842年に "A treatise of man and the development of his faculties" というタイトルで英語に翻訳されている）[3]．その序論にある "Of the object of this work" という節でケトレーの社会物理学に対する研究方針が示されている．ケトレーはまず，個々の具体的な人間の詳細を研究の対象にするのではなく，物体の重心に似たような「平均的な人間」を社会的な人間 (social man) として研究対象にするべきであるとしている．なお，この平均的な人間は必ずしも実在の人物である必要はなく，社会的活動を営む人々の（架空の）代表者像を指し示してさえいればよい．

ケトレーの業績として広く一般的に知られているものに，人間の標準体重を表す指数（ケトレー指数）の提唱がある．この指数は今日 BMI(Body Mass Index) と呼ばれている．BMI は人間の体重 W [kg] と身長 H [m] を用いて，

$$\mathrm{BMI} = \frac{W}{H^2}$$

によって与えられる．平均的な人間（成人）に対する BMI（標準の BMI）は22前後であり，この値より大きくなると平均的な人間よりも肥満傾向にあることを示している．複雑系科学の視点からすれば，BMI が個人によって異なる肥満度を表す指標となり得るという有用性よりも，すべての人間に対して BMI 指数がおおよそ22前後に収まるという，個々の人間に依らないその普遍性の方に興味を持たれるかもしれない．実際，以下のようなスケーリング関係に基づいて，この普遍性と円柱の座屈との関連性が小林奈央樹らによって議論されている [4]．

いま，人体を密度 ρ，半径 a，高さ H の円柱であると仮定しよう．この架空の人体である円柱が直立しているとすれば，体重が重くなるにしたがって，いずれ自重による座屈が生じると考えられる．材料力学によると，このような座屈が生じる荷重（座屈荷重）P は数定数を無視して，

$$P \sim \frac{EI}{H^2}$$

で与えられることが知られている [5]．E は弾性率（ヤング率）を表し

ている.Iは断面2次モーメントであり,aとの間には$I \sim a^4$というスケーリング関係がある(別の言い方をすれば,Iは数定数倍を除いてa^4に等しい).人体の体重Wについては$W \sim \rho a^2 H$が成り立つので,これら3つの式よりIとaを消去すると,

$$P \sim \frac{EI}{H^2} \sim \frac{E}{\rho^2}\left(\frac{W}{H^2}\right)^2 = \frac{E}{\rho^2}(\text{BMI})^2$$

が得られる.この式は人体が座屈しないための,つまり,直立できるための限界を与えるものである.また,BMIに着目すれば,この式は数定数倍を除いてBMIが人体のヤング率,密度,座屈荷重に依存した量として表されることを示している.これら3つの量は個人差があるものの,オーダーが変わるほど変化する量ではないと考えられる.したがって,BMIの値もオーダーが変わるほど変化する量ではない,つまり,ばらつきはあるもののほぼ一定の値になるという主張である.この考察によってBMIの値が22前後になるというところまでは示されていないが,BMIの普遍性に対する一つの可能性としては興味深い.

2.2 統計物理学

ケトレーと同年代に活躍した物理学者にマクスウェル(James Clerk Maxwell, 1831-1879)がいる.マクスウェルは1859年,平衡状態にある気体分子の速度が従う分布(マクスウェル分布)を導出するなど,統計物理学における先駆的な研究を行っている.なお,マクスウェルが統計の視点を物理学に導入した経緯については,ケトレーからの影響があったとされる.ケトレーとマクスウェルとの関係については,豊田利幸著『物理学とは何か』で詳しく述べられている [6].その後,ボルツマン(Ludwig Eduard Boltzmann, 1844-1906)が1872年に気体の分子運動に対するボルツマン方程式を導出し,熱力学の不可逆性についての考察(H定理)を発表している.ボルツマン方程式は状態の分布関数についての時間発展を記述するものであり,その定常解としてカノニカル分布が求められる.また,1877年には系のエネルギーが与えられたときに取り得る分子状態の場合の数を用いてエントロピーを求める式(ボルツマンの関係式)を発表している.

物体(マクロな系)が分子(ミクロな粒子)の集団から構成されているという事実は,微粒子のゆらぎによるアボガドロ数の測定によって明ら

かとなった.実際,1905 年のアインシュタイン(Albert Einstein, 1879-1955)によるブラウン運動の解析で理論的に議論され,1908 年にはペラン(Jean Baptiste Perrin, 1870-1942)によるコロイド粒子系の沈殿平衡に関する実験で実際に測定された.このように,ミクロな粒子が多数(アボガドロ数程度)集まってマクロな系が構成されていることが明らかになったことで,統計物理学はさらなる発展をとげる.そしてこの発展の中で,相転移現象も統計物理学における主要な問題の一つとなった.

相転移は大まかにいえば「相互作用するミクロな粒子からなる集団系において,系の状態を制御するパラメータを変化させたとき集団系全体に生じるマクロな質的変化」を意味する.気体 – 液体相転移に対する熱力学に基づいた現象論としては,理想気体の状態方程式をベースにして,分子の大きさと分子間引力を考慮した実在気体の状態方程式が 1873 年ファンデルワールス (Johannes Diderik van der Waals, 1837-1923) によって発表されている.この状態方程式は現象論的ではあるものの,相互作用するミクロな粒子を考慮した,つまり分子の存在を考慮した先駆けのモデルとして知られている.統計物理学においても,さまざまな系で観られる相転移現象に対して,これまでにいくつものモデルが提案されてきた.たとえば,磁性体を構成する分子のスピンに着目し,隣り合う二つのスピンに対して向きのそろった方がエネルギーが低くなるような効果を取り入れたモデルを考えてみよう.このモデルでは,温度 T が相転移をコントロールするパラメータになる.統計力学におけるカノニカル分布に従えば,着目している系において,ある状態が出現する確率 p は,その状態における系のエネルギーを E として,$p \propto \exp\left(-\frac{E}{kT}\right)$ で与えられる (k はボルツマン定数).この出現確率 p に基づくと,低温になればエネルギーの低い状態(スピンの向きがそろった状態・秩序状態)の出現確率が顕著に高くなる.一方,高温になれば,エネルギーの高低に関わらず,状態の出現確率は同程度になる.そのため,場合の数が最も多く存在するエネルギーを持つ状態(スピンの向きがランダムな状態・無秩序状態)が最も出現しやすくなる.したがって,温度を低温から高温に変化させていくと,秩序状態から無秩序状態へと変化(転移)する温度 T_c (転移点)の存在が期待される.

2.3　複雑系科学と相転移・臨界現象

　統計物理学における相転移現象の研究の中には，複雑系科学に関連するいくつかのテーマがある．たとえば上述の相転移現象では，転移点を挟んで温度を低下させると，無秩序状態から秩序状態への遷移過程を観ることができる．この遷移過程における系のダイナミクス（相転移ダイナミクス）がテーマの一つである．秩序状態では，スピンのそろう向きは複数あるため（たとえば，イジングモデルであれば2通り），異なる向きにそろった領域（クラスター，または，ドメインとも呼ばれる）が系に混在することになる．秩序状態の温度が転移点から離れていれば，各領域内においてスピンの向きがランダムに揺らぐことは抑えられる．すると，領域の内部ではスピンの向きがそろっている一方，領域の境界では隣りあうスピンの向きがそろわないので，領域内部に比べて境界ではエネルギーが局所的に高くなる．この境界での局所的なエネルギー増加が表面自由エネルギー（表面張力）に相当する．したがって，領域の境界がなくなる（つまり，系のエネルギーが低くなる）ように秩序化過程が進んでいく．このような秩序化過程は，相転移に対する現象論を一般化したランダウ理論に基づいて，秩序変数の時間発展によって議論が可能である．相転移ダイナミクスは非線形動力学における分岐現象の一例としても捉えることができる．さらには，結晶成長に代表されるような偏微分方程式の移動境界値問題（ステファン問題）に対するフェーズフィールドモデルや，境界の運動のみを抽出した界面ダイナミクスにもつながっていく．

　複雑系科学に関連した他の重要なテーマとして，転移点近傍における系の挙動（臨界現象）がある [7]．上述したスピン系を例にすると，乱暴な表現ではあるが，転移点において系は秩序状態と無秩序状態との間で揺らいでいるといえる．この揺らぎを定量的に評価する量として，スピンの向きについての相関関数 $G(r,T)$ と相関長 $\xi(T)$ が用いられる．相関関数 G は，距離 r だけ離れたスピンどうしの向きがどの程度そろっているかを表す．相関長 ξ はスピンの向きがそろったクラスターのサイズに相当する量である．臨界現象において重要な点は，具体的な実験系の詳細に依らない普遍的な性質（スケーリング則）が存在することであろう．実際，転移点 (T_c) 近傍では，G と ξ について以下のような普遍的関

係の成り立つことが知られている．

$$G(r,T) \sim \frac{1}{r^x} \exp\left(-\frac{r}{\xi(T)}\right), \quad (x > 0)$$

$$\xi(T) \sim |T - T_c|^{-\nu} \quad (\nu > 0)$$

ここで，$\nu > 0$ であることから，転移点 ($T = T_c$) で相関長 ξ は発散することが示される．これは，スピンの向きを系全体で平均すると転移点では異方性がない（無秩序状態にみえる）にも関わらず，サイズが無限大（有限サイズの系では，系のサイズ程度の大きさ）になるようなクラスターが存在することを意味する．この発散を反映して，関連した種々の熱力学量（たとえば，比熱，感受率）も発散する．また，転移点近傍では，スピン数個程度のクラスターから系のサイズに相当するクラスターまで，さまざまなサイズのクラスターが存在する．そのため，実験的には可視光の波長と同程度のサイズのクラスターが存在する場合，臨界タンパク光と呼ばれる現象を観ることができる．

　臨界現象において，転移点では相関長 ξ が発散することにより，相関関数は $G(r, T_c) \sim \frac{1}{r^x}$ というべき関数で表される．一般に，べき関数には変数変換によってその関数形が定数倍の変化を除き同じになるという性質がある．実際，転移点における相関関数に対して $r' = cr$ という r と r' との間の変数変換を行えば（c は定数），$G(r', T_c) \sim \frac{1}{(cr)^x} = \frac{1}{c^x} G(r, T_c)$ となる．この性質は，スケール変換不変性（または，自己相似性，スケールフリー性）という言葉で表現される．転移点ではクラスターのサイズ分布も，べき関数で表されることが知られている．分布がべき関数で表される場合（べき分布）も当然，スケール変換不変性が成り立つ．この不変性は，スケール（現象を測るものさし）を変えても現象が同じように見えることを示唆している．

　臨界点では，大小さまざまなサイズのクラスターがべき分布に従い，無限大にまで及ぶクラスターが存在しうる状況にある．このように考えれば，臨界現象に関連した現象として，パーコレーションが思い浮かぶ．パーコレーションは，たとえば，底が金属板，側面がガラス板でできた箱の中に金属球とガラス球を一定の割合でランダムに詰めていき，箱いっぱいに球が詰まった状態で金属板のふたを箱にかぶせ，上下の金属板に電極を付けたときに電流が流れるかどうかの転移的ふるまいとして具体

的には説明できる．ガラス球が多ければ金属球どうしがつながらず電流は流れないが，金属球の割合を増やしていけば，いずれどこかの割合で，金属球どうしがつながってできたクラスターが箱の上下に達し，電流が流れるであろう．つまり，箱（系）全体にクラスターが「つながる」か「つながらない」かという転移的ふるまいが生じる．この転移的現象のことをパーコレーションと呼んでいる．上記の例では，パーコレーション転移を起こす金属球の割合（パーコレーションしきい値）が臨界現象における転移点に相当し，クラスターサイズに見られる「べき性」など，臨界現象と同等のスケーリング的性質の成り立つことが確認されている [8]．

上述の臨界現象やパーコレーションでは，温度や金属球の割合という外部（環境）のパラメータによって系の状態が制御できる場合であった．一方，系の状態を制御するパラメータが系自体に内在しており，臨界状態になるよう自発的にパラメータが選択されるような現象も存在する．このような場合を一般に自己組織化臨界現象 (self-organized criticality, SOC) と呼んでいる．代表的な例として，地震や砂山くずしがよく挙げられる．砂山くずしの場合，砂を落として砂山を形成していくと，砂山の角度が安息角を超えたところで砂山の一部になだれが生じる．なだれが生じることによって，砂山の角度が安息角の近傍に保たれる（つまり，自発的に安息角が選択される）．したがって，砂山の角度が系に内在した制御パラメータであり，安息角が臨界点に相当すると考えることができる．さらに，一つのなだれが臨界現象における一つのクラスターに対応すると考えれば，SOCにおいても，大小さまざまなサイズのなだれが存在し，そのサイズ分布はべき分布になることが確認されている [9]．

ここで，スケール変換不変性に着目しよう．この性質は前述のとおり，スケールを変えても現象が同じように見えることを示唆している．この性質を利用して，物体の寸法（次元）を一般化することができる．ある物体の寸法を測るときに用いるものさしの目盛を δ として，物体全体を覆うのに必要な目盛の数が $N(\delta)$ になったとする．このとき，$\delta \to 0$ の極限で

$$N(\delta) \sim \delta^{-D}$$

という依存性がある場合，D は一般化された次元となり，フラクタル次元と呼ばれている．フラクタル次元は，海岸線やしのぶ石など自然界に

ある複雑な形（パターン・時空間構造）を特徴づける際によく用いられている．なお，フラクタルという概念を物理学に適用する際には，大きく分けて3つのカテゴリーが存在する：自己相似フラクタル・自己アフィンフラクタル・マルチフラクタル [10]．自己相似フラクタルは上述のような等方的なスケール変換に対する不変性を指している．自己アフィンフラクタルは異方的なスケール変換に対する不変性を扱うものである．この場合，フラクタル次元の代わりに，時系列解析におけるハースト指数や表面・界面の荒さにおける「荒さ指数」が導入される．これらの指数は時系列に対する時間相関，荒さに対する空間相関を特徴づける量として用いられる．たとえば，株価や為替の時系列に見られる変動（ゆらぎ）に対し，ハースト指数を求めてその特徴を議論することがある．最後に，マルチフラクタルは濃淡があるようなパターンに対して，複数のフラクタル次元を用いてパターンの特徴づけを試みるものである．

複雑な形（パターン）に対しては，できあがったパターンだけでなく，そのパターンがどのようなメカニズム・ダイナミクスによって形成されたのかも大事な研究テーマである．実際，パターン形成という研究テーマは，系を構成している（ミクロな）要素の協同運動によって（マクロな）系全体に生じる時空間構造の研究として，複雑系科学の先駆的取り組みであるプリゴジンによる散逸構造論 [11]，ならびに，ハーケンによるシナジェティックス [55] の中心的課題の一つであった．たとえば，上述の相転移ダイナミクスについては，一つの平衡状態から別の平衡状態への遷移過程で観られる時空間構造が問題となる．また一般に，エネルギーが散逸する系に対して，常に外部からエネルギーを加えることによって定常的に生じる時空間構造も研究対象となる．（代表的な例としては，BZ反応におけるターゲットパターン・スパイラルパターン，レイリーベナール対流における六角セル状パターンがよく知られている）．さらには，個人をミクロな要素としたマクロな集団系である社会構造の時空間変化についても，パターン形成の範疇に入ると考えるのは自然であろう．

2.4 社会物理学ふたたび

ケトレーが提唱した社会物理学から統計物理学への流れ，そして，統計物理学のテーマである相転移・臨界現象から複雑系科学への流れを踏まえ，現在，社会物理学の再構築が行われている．現代的な社会物理学

では，社会現象で観られる転移的・臨界的なふるまい，および，パターン形成が主要なテーマの一つとなっている．また，第1章で述べたように，社会現象に対するデータの大量取得が容易になっていることから，さまざまな系から得られたデータに潜む共通の統計的性質を見出すことも主要なテーマである．ほんの一例ではあるが，以下のような項目が社会物理学として現在，議論されている．

1. 都市の形成メカニズム（形状や大きさ）．都市内における人種の棲み分け．
2. 交通流における渋滞・レーン形成．群集なだれ．
3. 格差社会の自己組織化．意見集約，投票行動，多数決，文化伝搬のダイナミクス．
4. 伝染病の拡散．うわさ・デマの拡散．SNS における炎上．ヒット現象．
5. 都市の人口分布，所得分布など社会データの分布形成ダイナミクス．

3 考現学

3.1 考現学と今和次郎

この章では「考現学」という研究分野に着目したい．考現学は考古学との対比で名づけられた分野であり，民俗学の研究者である今和次郎 (1888-1973) が 1927 年に提唱したことでも知られている．今和次郎の記した「考現学とは何か」，および，「考現学総論」に考現学を提唱することになった経緯やその研究方法が述べられている [13]．それらによると，考現学を始めるきっかけになったのは，1923 年に起きた関東大震災とされる．焼け野原をさまよう中で眼前に起こるさまざまな現象を記録し分析することが考現学の出発点とある．今和次郎は現代の事物，人間の生活に対して科学的な手法による取り組みを行い，特に人の行動・住居・衣服を研究対象とした．

考現学の手法はまず，収集から始まる．収集されるものはさまざまである．たとえば，くずかごに入っている内容，街中の通行人，女性の髪型（婦人結髪様式），早稲田大学近辺の喫茶店など．「蟻が 50cm ノ平地ヲ横ギル時間」や「蟻が 50cm 角内ヲサマヨウ状態」というタイトルで，

紙面上を歩いたアリの軌跡を記録したものも遺されているが，相関のあるランダムウォークとして数理科学の研究テーマに通じるものがあるといえるかもしれない．収集されるデータには数値で表されるものもあれば，スケッチなどの画像として記録されているものもある．数値データに対しては，簡単ながらも統計的な取り扱いがなされているものもある．今和次郎が記した「考現学が破門のもと」の最後には，「考現学は現在を知ることで，近い将来どのようなことが起こるかを推考する学問である」と言及している [13]．以上の文献からは，今和次郎が現代のデータサイエンスに通じる統計学を踏まえた研究方針，さらには，データに対してデザインを用いて視覚的に表現するインフォグラフィクスのセンスを持っていたことがうかがえる．

なお今和次郎は，考現学を行うことの難しさについて「考現学総論」に注意点を遺している．この注意点は技術的なものではなく，社会現象をテーマに研究する上での一般的かつ本質的な困難であると思われる．それは，今和次郎が「ミイラとりがミイラになる」と表現し，さらに，「考現学においては，研究対象と自分自身の生活舞台とは同一であり，そして自分自身の願望と研究対象者のそれとがつねに同席している関係にあることによって，ちょっと他に類例をみない困難さ，あるいは困却さがわだかまっていることが注意を要することであるといえよう」と言及している点である．この注意点は，研究者本人が研究対象そのものと相互に影響を及ぼすことからくる困難さを意味している．つまり，研究者本人の意図が研究対象に伝わることで，またはその逆で，研究対象の意図が研究本人に伝わることで研究対象との関係がゆがめられ，得られた研究結果から客観性が失われる可能性を常にはらんでいるということである．自然現象と比較すると，研究者と研究対象との情報を介した双方向のやりとりが少なからず常に存在し，そのやりとりを完全に取り除くことが難しいのが社会現象の特徴といえる．

ここで，『考現学 採集講義』[14] に基づき今和次郎の年譜について記しておきたい．今和次郎は 1888 年（明治 21 年）に青森県弘前市に生まれている．1906 年（明治 39 年），18 歳のときに一家で上京し，1912 年（大正元年）24 歳で早稲田大学建築学科の助手となる．その後，1920 年（大正 9 年）早稲田大学教授となり，1959 年（昭和 34 年）に定年退職するまで 47 年間早稲田大学に在籍した．そして，1973 年（昭和 48 年）に

85歳で亡くなっている. 考現学を提唱するきっかけとなった関東大震災は 1923 年（大正 12 年）9 月 1 日, 今和次郎が 35 歳のときの出来事であり, 東京の麹町富士見町（現在の東京都千代田区）で被災している. その当時, 1900 年には国際統計協会による世界的な国勢調査実施の呼びかけがあり, 日本全体でも統計的な取り扱いの機運が高まっていた時代であると思われる. 実際, 日本では 1920 年に第 1 回国勢調査が行われている.「考現学総論」には「研究方法としての採集と統計」というタイトルの章があり, その中で考現学は「統計に立場をおく」と明言されている. 日常生活の具体例を挙げて統計に基づいた分析を行い, 分析結果に基づいてさまざまな系どうしを比較することによって各データの意義が浮かび上がると主張している.

3.2 歴史的背景としての寺田寅彦

今和次郎と同年代に活躍した物理学者に寺田寅彦 (1878-1935) がいる（参考のため, 本稿で取り上げた人物の年表を図 1 に示す）. 寺田寅彦も関東大震災を東京・上野で被災し, そのときのようすを「震災日記より」として遺している. また, 関東大震災に関しては, 地球物理学の視点から地震, 津波, そして, 火災旋風についての調査を行っている [15]. 寺田寅彦は金平糖の角や線香花火の燃え方など, 身近にある現象に興味を持ち, 現在の複雑系科学・パターン形成の物理の先駆けとなる研究を行っていたことでも知られている. 1931 年に記した「量的と質的と統計的と」では, リヒテンベルグの放電像を例に挙げ, 統計的現象に対する物理的アプローチの重要性について説いている. また, 1928 年の「比較言語学における統計的研究法の可能性について」では, ある場所で生まれた言語がどのように伝搬していくかを拡散現象との類推によって考察している. このような動向からも, 1900 年代前半は統計的手法がさまざまな分野で取り入れられていった時代であることがうかがえる.

4 社会物理学と考現学との接点

4.1 分布形成ダイナミクス

ケトレーのいう「平均的な人間」を中心にわれわれの社会を見る際には, 社会を構成している人間の一般的（平均的）特徴を明らかにするだけ

社会物理学と考現学との接点

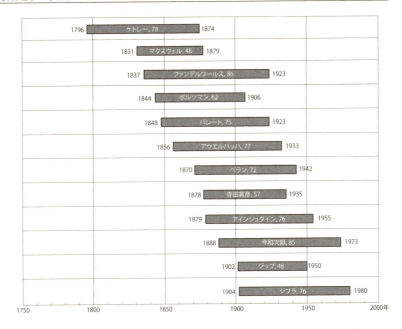

図1 社会物理・統計物理・考現学に関する人物年表．名前の後にある数字は享年を表す．

でなく，その一般的特徴からわれわれがどの程度散らばっているか，どのように分布しているかに着目することも大事であろう．実際，BMIによる肥満度判定は，平均的なBMIの値からのばらつきを利用したものといえる．分布については，各個人の特性（身体特性，収入・支出など）に関する分布もあれば，学校・地域・都市など各個人が属する組織に関する分布もある．さらに，個人や社会は年々変化するので，分布の経時変化（分布形成ダイナミクス）も考えなければならない．

分布形成ダイナミクスは一般に確率過程に基づいて議論することができる．ここで，時刻 t における個体または社会の特徴量を $x(t)$ として，その経時変化に対するいくつかの基本的な場合をまとめておく．

(1) $x(t+1) = x(t) + a(t), x(0) = 0$

この式で表される確率過程は加算過程と呼ばれ，$x(t)$ は $x(t) = \sum_{\tau=0}^{t-1} a(\tau)$ と表すことができる $(t \geq 1)$．ここで，$a(t)$ が各時刻互いに独立で同じ確率分布から得られる乱数（加算ノイズ）だとし

よう．このとき，中心極限定理により，t が十分大きいところで $x(t)$ の従う確率密度関数は正規分布となる．

(2) $x(t+1) = r(t) \cdot x(t), x(0) = 1, r(t) > 0$

この式で表される確率過程は乗算過程と呼ばれ，$x(t)$ は $\ln x(t) = \sum_{\tau=0}^{t-1} \ln r(\tau)$ を満たす $(t \geq 1)$．$a(t)$ と同様，$r(t)$ が各時刻互いに独立で同じ確率分布から得られる乱数（乗算ノイズ）だとすると，中心極限定理により，t が十分大きいところで $\ln x(t)$ の従う確率密度関数は正規分布となる（したがって，$x(t)$ の確率密度関数は対数正規分布となる）．

なお，この乗算過程では，$x(t)$ と $x(t+1)$ の比（増加率）は $\frac{x(t+1)}{x(t)} = r(t)$ となり，x に依存しないことがわかる．増加率が x に依存しない点については，1931 年ジブラ（Robert Gibrat, 1904-1980）によって会社の規模とその成長率の関係において成り立つことが指摘されている．したがって，この確率過程のことをジブラ過程ということもある．

(3) $x(t+1) = r(t) \cdot x(t) + a(t), x(0) = 1, r(t) > 0$

加算ノイズと乗算ノイズを同時に受けるこの過程は Kesten 過程と呼ばれており，$x(t)$ の従う確率密度関数はべき分布となることが知られている．

一般にデータから得られる分布については，頻度分布の代わりにその累積分布を用いることがある．また，N 個のデータ $\{x_j\}(j = 1, \cdots, N)$ に対して，値の大きい方から順位 j となる x の値を x_j としたとき，横軸を x_j，縦軸を j としてグラフにプロットすることもよく行われる．これはランクサイズプロットと呼ばれており，相補累積分布と等価である．実際，x の頻度分布を $f(x)$ として，その相補累積分布関数 $F(x)$ は，

$$F(x) = \int_x^{+\infty} f(x')dx'$$

で与えられる．$F(x_j)$ は x_j から無限大までの範囲の値を持つデータの数を示している．いま，x_j は j 番目に大きい値であったので，$F(x_j) = j$ となることがわかる．したがって，ランクサイズプロットは相補累積分

布と等価であることが示される.たとえば,(1) の加算過程で得られる $\{x_j\}$ のランクサイズプロットは誤差関数

$$\mathrm{erf}(x) = \frac{2}{\sqrt{\pi}} \int_0^x \exp\left(-x'^2\right) dx'$$

を用いて表される相補累積分布関数

$$F_1(x) = \frac{N}{2}\left\{1 - \mathrm{erf}\left(\frac{x-\mu}{\sqrt{2}\sigma}\right)\right\}$$

と一致する.ここで,パラメータ μ,σ は平均値,標準偏差に相当し,ランクサイズプロットへのフィッティングにより定めることができる.(2) の乗算過程も同様に,得られるランクサイズプロットは相補累積分布関数

$$F_2(x) = \frac{N}{2}\left\{1 - \mathrm{erf}\left(\frac{\ln x-\mu}{\sqrt{2}\sigma}\right)\right\}$$

と一致するよう,フィッティングパラメータ μ, σ を求めることができる.また,(3) の Kesten 過程の場合,確率密度関数はべき分布 $f(x) \sim \frac{1}{x^\alpha}$ となるので,$\alpha > 1$ のとき,相補累積分布関数

$$F_3(x) \sim \int_x^{+\infty} f(x')dx' \sim \frac{1}{x^{\alpha-1}}$$

もべき分布となる.したがって,ランクサイズプロットを両対数グラフで表したときの直線の傾きによって,べき指数 α を求めることができる.実際,それぞれの確率過程 (1)〜(3) において得られたランクサイズプロットと対応する相補累積分布関数を図 2 に示す.

社会現象における分布形成ダイナミクスとして,都市の人口分布はこれまでにもよく研究がなされてきたテーマである.たとえば,高橋伸夫らによる『新しい都市地理学』には,都市システムの階層性およびその分析についての記述がある.その中で,都市人口のランクサイズプロットについては,べき分布を基本として,べき分布からのずれ方によってさらに二つの場合に分類している [16].このような,分布形状の違いに着目して,都市システムの状態(たとえば,都市化・経済発展の進度)が議論されている.

都市のランクサイズプロットがべき分布になるという規則を見出したのは 1913 年,物理学者のアウエルバッハ(Felix Auerbach, 1856-1933)

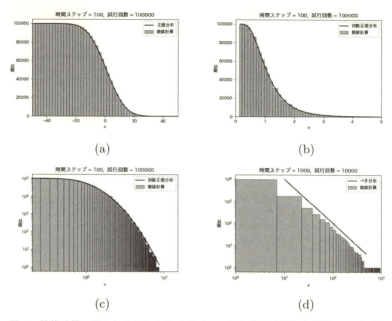

(a) (b) (c) (d)

図 2 数値計算で得られたランクサイズプロットと相補累積分布関数．(a) 加算過程 (1) の $a(t)$ として，等確率で $+1$ と -1 のいずれかを選んだ場合．(b) 乗算過程 (2) の $r(t)$ として等確率で 0.95 と 1/0.95 のいずれかを選んだ場合．(c) (b) の結果を両対数グラフで表したもの．(d) Kesten 過程 (3) の $a(t)$ として等確率で $+0.1$ と -0.1 のいずれかを，$r(t)$ として等確率で 0.95 と 1/0.95 のいずれかを選んだ場合．

であるとされる．なお，べき分布については，さまざまな社会現象で出現することが知られている．代表的な例に，経済学者のパレート（Vilfredo Pareto, 1848-1923）が 1896 年に発表したパレート分布がある．これは所得の分配に関する分布がべき分布になることを示している．また，1935 年には言語学者のジップ（George Kingsley Zipf, 1902-1950）によって，単語の出現頻度がべき分布に従うというジップ則が発表されている．

4.2 都道府県の人口と鉄道の乗降者数

ここで小林奈央樹らの研究 [4] を参考にして，日本の都道府県人口に対するランクサイズプロットに着目しよう．データは 2018 年 11 月現在，政府統計の総合窓口（https://www.e-stat.go.jp/）というポータルサイトからダウンロードすることができる．そのサイトの中に国勢調査

のデータが第 1 回（1920 年）から第 20 回（2015 年）まであり，その中の「男女別人口及び人口性比 – 全国，都道府県（大正 9 年〜平成 27 年）」というデータセットから国勢調査が行われた各回における各都道府県の人口を取得した．いま，第 n 回国勢調査における順位 j の都道府県人口を $x_j(n)$ と表すことにしよう．そして，各回，全国の総人口で規格化した人口の割合（つまり，$\dfrac{x_j(n)}{\sum_k x_k(n)}$）のランクサイズプロットを作成し，その経時変化を示したものが図 3 である（この図では，横軸のみ対数目盛にしている）．人口そのものではなく，人口の割合を採用することで，各都道府県における人口の偏りのみに着目している．

図 3 では，人口割合の経時変化を 3 つの期に分けて示している．なお，第 2 次世界大戦が終戦した 1945 年のデータについては，比較のためすべての図に示している．もし，すべての都道府県が同じ人口であるならば，ランクサイズプロットは $1/47 \approx 0.2$ あたりで階段関数的に 1 位から 47 位に変化する．したがって，大まかにいえば，プロットの傾きが急であればあるほど，各都市の人口割合のばらつきは少ない．一方，傾きが緩やかであればあるほど，ばらつきは大きく，各都道府県における人口差が大きい（過密化・過疎化が進んでいる）ことを意味する．実際，図 3(a) に示されている戦前の経時変化を見ると，1920 年から 1940 年の間にプロットの傾きが全国的に緩やかになっている．さらに，1 位〜6 位の都市で人口割合が増加し，7 位以降の都市では減少している傾向が見て取れる．ところが，1945 年はその傾向とは反対のことが起こっており，人口が 5 年の間に急激に各都市に分散（平均化）したことを示している．これは，第 2 次世界大戦に伴う疎開で，大都市から地方へ人口移動のあったことが要因として考えられよう．終戦後は図 3(b) が示すように，1 位〜10 位での人口割合の増加，および，11 位以降での減少が全国的に起こり，人口割合の偏りが戦前よりもさらに大きくなっていることがわかる．これらの図は，都市の成長には都道府県を 2 分化する（過密グループと過疎グループという 2 層構造が形成される）メカニズムが存在することを示唆している．さらに，図 3(c) を見ると，1980 年〜2015 年では，1 位〜9 位への集中傾向，および，10 位〜24 位での減少傾向は依然として見られるものの，それらの経時変化（増加率・減少率）は図 3(b) に比べると小さく，人口割合の経時変化は停滞しているように見える．ただし，

やや詳しくみると，25位以降では人口割合の減少にばらつきがみられ，25位以降の中でも減少率の大小で2分化が生じているように見える．

図4(a)は図3で用いたデータの一部を両対数グラフで表示したものである．この図では，1945年と2015年のデータに対して対数正規分布の相補累積分布関数を用いてフィッティングした結果も示されている．ここで興味深いのは，1945年については一つの対数正規分布を用いてフィッティングしているのに対して，2015年については二つの対数正規

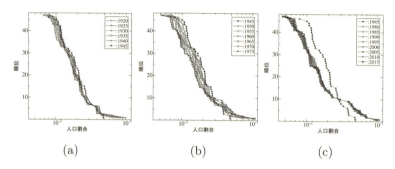

(a) (b) (c)

図3 全国の総人口数で規格化した人口割合のランクサイズプロット．横軸の人口割合は対数目盛で表されている．(a)1920～1945年, (b)1945～1975年, (c)1945, 1980～2015年．1945年については，比較のため，すべてのグラフに表示している．

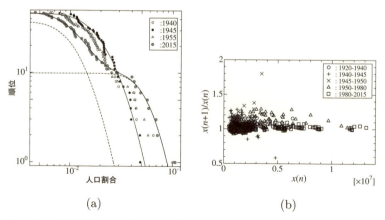

(a) (b)

図4 (a) 図3のデータから，1940年，1945年，1955年，2015年のデータを両対数グラフで表したもの．(b) 第n回国勢調査から第$n+1$回までの各都道府県人口の増加率を第n回の人口の関数として表したもの．5年を時間の単位としている．

分布の重ね合わせでフィッティングしている点である．このフィッティングの結果から，2015 年の場合，1 位〜10 位と 11 位〜47 位の二つのグループに分けることができる．また，1940 年と 1955 年の分布形状を比較するとほぼ一致していることがわかる．これら分布の経時変化から，戦前にも都道府県が上位と下位に 2 分化する傾向にあったのが，第 2 次世界大戦によって人口が全国に分散し平均化され，戦後，再び 2 分化が進行してきたと見ることができよう．分布形成ダイナミクスの視点からは，都道府県の人口割合は 2 分化が進行しているものの，確率過程としては上述した乗算過程（ジブラ過程）が基本にあると考えられる．実際，5 年を時間の単位として，各都道府県の増加率をその都道府県のサイズの関数としてプロットすると，図 4(b) のような結果が得られる．この図から，1945 年に関するデータを除き，増加率は都道府県の人口にあまり依存していないことがわかる．

考現学において今和次郎とその共同研究者らが行ってきた研究の中には，分布形成ダイナミクスという観点から見て，きわめて興味深いものが存在する．それは鉄道の各駅における乗降客数分布である．今和次郎と吉田謙吉が編著者となった『考現学採集：モデルノロジオ』には，「省電を透して視たる大東京のプロフィル」というタイトルの文章がある [17]．この文章は，土橋長俊が今和次郎に送った手紙の内容として紹介されている．この中に，昭和 4 年（1929 年）5 月 22 日に東京鐵道局が

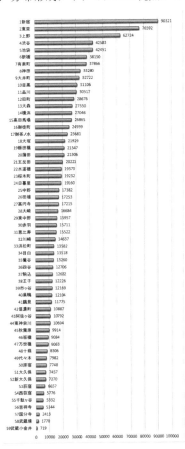

図 5 昭和 4 年（1929 年）5 月 22 日の東京近辺にある駅における降車人数．

調査した「電車旅客交通調査」の結果が示されている．また，調査結果である省電（現在の JR）の各駅における降車人数の集計データに基づいて，考現学としての考察がなされている．これら東京の交通量についての考察をもとに，ある日の東京の様子（プロフィル）を照らしだそうということである．考察内容は「統計のモンタージュ」として以下のようにまとめられている．

1. 省電客の総計及びその内訳
2. 各駅の降車人員競べ
3. ラツシュアワー
4. ヴイジネスセンターに集る交通量
5. 時間による輸送量の増減
6. 雑（その他）

この中の「各駅の降車人員競べ」に，東京近辺の各駅で下車した人数をプロットした，「第一表」と名づけられたグラフが掲載されている．図 5 は，その「第一表」から数値を読み取り，オリジナルに近い形で再現したものである．

図 5 は，横軸が降車人数で縦軸が順位を表しており，まさに，ランクサイズプロットそのものであることがわかるであろう．そこで，縦軸を上下反転し，両軸とも対数目盛で表したものが図 6(a) である．図中の各点がそれぞれの駅に対応している．たとえば，1 位は新宿（90321 人），2 位は東京（76592 人），3 位は上野（62724 人），…といった具合である．

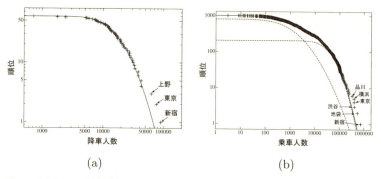

図 6 (a) 図 5 の結果をランクサイズプロットしたもの．(b)2012 年の JR 東日本エリア内の 1 日平均の乗車人数をランクサイズプロットしたもの．

また，図 6(a) 中に描かれた曲線は対数正規分布の相補累積分布関数を示しており，1 位～3 位を除くすべての点がこの曲線とよく重なっていることがわかる．各駅での乗り降りを確率過程として考えると，この結果は，東京都内での乗り降りが駅の降車人数の多少に依らずランダムに行われている（つまり，ジブラ過程に従う）ことを示唆している．一人ひとりの乗り降りは各人の意図によって決定しているだろうが，確率過程としてはランダムな現象として理解できることを示している．なお，1 位～3 位の駅が対数正規分布から外れた理由については以下のような推察ができよう．外れている駅は新宿，東京，上野であった．新宿は甲信方面（中央本線）の，東京は東海道方面（東海道本線）の，そして上野は東北方面（東北本線）の玄関口（ターミナル駅）である．このことに着目すると，これらの駅では東京近郊以外からの乗客が降車するため，その分だけ降車人数が対数正規分布から多い方に外れたのではないかと考えられる．

では，最近の鉄道の乗降者数はどうであろうか？ JR 東日本のホームページ (http://www.jreast.co.jp/passenger/) にあったデータを元に，2012 年の JR 東日本エリア内の 1 日平均の乗車人数について，図 6(a) と同様のプロットをしたものが図 6(b) である．この場合，図 6(a) のように単一の対数正規分布ではフィットすることができない．その代わり，二つの対数正規分布（破線）を重ね合わせた分布を用いると，上位（1 位～6 位）を除いた駅がうまくフィットしていることが示されている．なお，この図でも図 6(a) と同様，上位の駅は曲線から外れている．具体的な駅名から察するに，曲線から外れている駅は新幹線や多くの鉄道会社との乗換駅になっている．つまり，JR 東日本以外の鉄道からの乗り換え客の分だけ曲線から外れたということではないかと推察される．また，図 4(a) で示した 2015 年の都道府県人口のプロットと同様，図 6(b) では二つの対数正規分布の重ね合わせによってフィッティングを行っている．このことは，JR 東日本エリア内の 1027 駅を利用者の多い駅（およそ 250 駅）と少ない駅（およそ 777 駅）とに 2 分化できることを示唆している．都道府県別の人口分布と JR 東日本の各駅での乗者数との間にどのような関係があるのか，その詳細は現時点では不明である．しかしながら，何らかの共通した 2 分化をもたらす分布形成ダイナミクスがあるように思われる．

4.3 地方自治体の人口分布

4.2 節で扱った各都道府県の中には，それぞれいくつかの地方自治体（市・町・村）が含まれている．これは，人間が集団となって構成される社会には階層性があることを示す一例となっている．地方自治体の人口に対するランクサイズプロットの研究も多くなされており，全体的には対数正規分布に従うが，上位の部分はべき分布になることが指摘されている．これは，日本だけでなく，アメリカ [18] やフランス [19] でも同様の傾向が観られる．日本の場合，上述したポータルサイト「政府統計の総合窓口」にある「都道府県・市区町村別統計表」に，地方自治体の人口についてのデータが集録されている．図 7(a) は 2010 年のデータをランクサイズプロットにしたものである．総数 1728 の地方自治体に対して，およそ 100 位以降の地方自治体については対数正規分布でフィットできる一方，およそ 100 位より上位についてはべき的に変化している様子が見て取れる．地方自治体の人口に対するランクサイズプロットについては，佐々木陽らが市・町・村と分けてランクサイズプロットを行い，村が対数正規分布に，市がべき分布に従うことを示している [20]．そして彼らは，べき分布が出現する理由を乗算過程にしきい値を導入したことによると考え，彼らが提案したモデル（移動モデル）を用いて分布の再現を試みている．なお，佐々木らは移動モデルを用いて，地方自治体

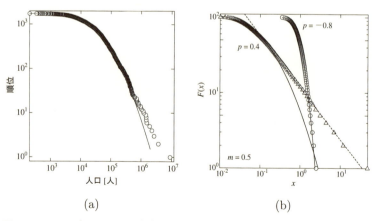

(a) (b)

図 7 (a) 2010 年における地方自治体の人口をランクサイズプロットにしたもの（$N = 1728$）．(b) 移動モデルを数値的に解いて得られた結果（$N=100$）．

全体の人口分布が対数正規分布とべき分布との混合になることには着目していなかった．そこで著者らは，佐々木らが提案した移動モデルを再考し，市・町・村と分けずに地方自治体全体として得られるランクサイズプロットの性質（対数正規分布＋べき分布）をモデルによって再現することを試みた [21]．

ここで，移動モデルについて紹介しよう．いま，全都市の数を N として，ある都市 j の人口を $x_j(t)$ とする．そして，$x_j(t)$ の経時変化として，以下の確率過程を考える．

$$x_j(t+1) = \sum_{k=1}^{N} \left(\delta_{jk} + M_{jk}(t,p) \right) x_k(t)$$

ここで，δ_{jk} はクロネッカーのデルタであり，行列 M の (j,k) 成分 M_{jk} は都市 k から j への人口の移動率を表している．なお，M については以下のように定める．

$$M(t,p) = \begin{cases} -\mu_j & (j,j) \text{ 成分} \\ +\mu_j & (\xi_j(p), j) \text{ 成分} \\ 0 & \text{上記以外の成分} \end{cases}$$

μ_j は 0 から m (<1) までの一様乱数として与える．また，$\xi_j(p)$ は以下の手順 1.～3. に従って決めることとする．

1. $\{x_k(t) : k = 1, \cdots, j-1, j+1, \cdots, N\}$ について，$x_j(t)$ より大きいグループ (A) と小さいグループ (B) に分ける．
2. 確率 $(1+p)/2$ でグループ A を選択し，確率 $(1-p)/2$ でグループ B を選択する．$(-1 \leq p \leq +1)$
3. 選択したグループの中から等確率で一つの都市 $\xi_j(p)$ を選択する．

この移動モデルには，パラメータとして m と p の二つが含まれる．m は移動率の上限を与える．一方，p は人口の移動傾向を示している．つまり，$p > 0$ であれば，いま居る都市よりも人口の多い方に移動する傾向にある．一方，$p < 0$ では，人口の少ない都市に移動しようとする傾向にある．なお，この移動モデルでは，各都市の人口は移動により増減するものの，全都市で和をとった人口の総数は常に一定に保たれている．

以下では，実際に移動モデルを数値計算して得られた結果を紹介する．m を一定値（本稿では 0.5）として，$t=0$ ですべての都市の人口が同じであるという初期条件を課した．p については異なる二つの場合（-0.8 と 0.4）を用いてそれぞれ数値計算を実施した．その結果が図 7(b) に示されている．横軸 (x) が人口，縦軸 ($F(x)$) が順位に対応している．この図より，$p=0.4$ の場合には，確かに下位は対数正規分布に，上位はべき分布にしたがっていることがわかる．一方，$p=-0.8$ では，すべての都市が対数正規分布に従っている．その他，移動モデルでは，p の値が大きくなればなるほど，べき分布に従う領域が広がることを確認している．

いま，上述の移動モデルを次のように書き直してみよう．

$$x_j(t+1) = (1+M_{jj})x_j(t) + \sum_{k\neq j} M_{jk}x_k(t)$$

このように表すと，M の各成分が乱数として与えられるので，x_j にとって右辺第 1 項の $(1+M_{jj})$ が乗算ノイズ，第 2 項が加算ノイズに対応していると考えられる．したがって，移動モデルは Kesten 過程に相当し，第 2 項で表される加算ノイズがもたらす効果の大小により，べき分布に従う領域が変化したとみることができる．べき性が生じる理由について，佐々木らは移動モデルにしきい値を導入したことによるものとした．しかしながら著者らは，しきい値を導入しなくても移動モデルが Kesten 過程の一種であり，モデル自体がべき性を有していると考えている．また，$p<0$ では人口の少ない都市に移動しようとすることから，各都市の人口は平均化される傾向にある．そのため，特に $p \approx -1$ では，すべての都市の成長が同じようにふるまうと考えられる．つまり，$x_j(t) \approx x_k(t)$ とみなすことができ，移動モデルは加算ノイズの影響が無視できる乗算過程となる．したがって，$p=-0.8$ ではランクサイズプロットが対数正規分布に従ったと考えられる．

5 さいごに

社会物理学と考現学との接点は，過去に行われていたにもかかわらず忘れ去られていた結果が普遍性を伴ってよみがえる一つの例であるとい

える．それは第 1 章「はじめに」で述べた，「6 次の隔たり」と「スモール・ワールド性」との関係も同様である．このような温故知新は，大量なデータが簡単に手に入るようになった現在であるからこそ，今後もさまざまな場面で見られるであろう．

本稿の前半（2 章，3 章）では，社会物理学のはじまりと再構築を統計物理学との関連でかなり荒く（粗く）概観した．また，1900 年代の歴史的背景を踏まえて，考現学の研究姿勢が現在の社会物理学に通じていることに言及した．後半（4 章）では社会物理学と考現学との接点として，都道府県の人口割合および鉄道駅の乗降者数に対するランクサイズプロットに着目した．そして，これらの共通点として，分布の経時変化にみられる 2 分化ダイナミクスの存在を指摘した．また，地方自治体の人口に対するランクサイズプロットについては，プロットを再現するための移動モデルを紹介した．本稿で試みた考察はまだ推察，一つの可能性に過ぎない点が多い．「ミイラとりがミイラになる」困難さもはらんでいるであろう．とはいえ，さらに多くのデータを解析し社会現象に潜む不変構造を数理モデルとして表現していくことが社会物理学の構築・発展に貢献すると考えている．

参考文献

[1] 湯川秀樹，『創造的人間』，筑摩書房，2002．
[2] 蔵本由紀，『新しい自然学: 非線形科学の可能性』，筑摩書房，2016．
[3] A. Quetelet, *A treatise on man and the development of his faculties*, Cambridge University Press, 2013.
[4] N. Kobayashi, H. Kuninaka, J.-i. Wakita and M. Matsushita, Statistical Features of Complex Systems -Toward Establishing Sociological Physics-, *J. Phys. Soc. Jpn.*, 80, 072001, 2011.
[5] 臺丸谷政志，小林秀敏，『基礎から学ぶ材料力学』，森北出版，2004．
[6] 豊田利幸，『物理学とは何か』，岩波書店，2000．
[7] H. E. スタンリー，『相転移と臨界現象』，東京図書，1987．
[8] 小田垣孝，『パーコレーションの科学』，裳華房，1993．
[9] P. Bak, *How Nature Works: the science of self-organized criticality*, Springer-Verlag, 1996.
[10] 松下貢，『フラクタルの物理』(I)・(II), 2002, 2004.
[11] G. ニコリス，I. プリゴジーヌ，『散逸構造論』，岩波書店，1980．
[12] H. ハーケン，『シナジェティックスの基礎』，東海大学出版会，1986．

[13] 今和次郎, 『考現学入門』, 筑摩書房, 1987.
[14] 今和次郎, 『今和次郎 採集講義』, 青幻舎, 2001.
[15] Terada, T., *Scientific papers vol. VI*, (岩波書店, 東京, 1938).
[16] 高橋伸夫, 菅野峰明, 村山祐司, 伊藤悟, 『新しい都市地理学』, 東洋書林, 1997.
[17] 今和次郎, 吉田謙吉, 『考現学採集：モデルノロヂオ』, 学陽書房, 1986.
[18] Levy, M., Gibrat's Law for (All) Cities: Comment, *The American Economic Review*, 99, 1672, 2009.
[19] 林玲子,「世界歴史人口推計の評価と都市人口を用いた推計方法に関する研究」, 博士論文（政策研究大学院大学）, 2007.
[20] Sasaki, Y., Kuninaka, H., Kobayashi, N., Matsushita, M., Characteristics of Population Distributions in Municipalities, *J. Phys. Soc. Jpn.*, 76, 074801, 2007.
[21] Yamazaki, Y., Takamura, K., Preferential Migration and Random Mobility in Population Size Distribution of Municipalities, *J. Phys. Soc. Jpn.*, 82, 065003, 2013.

動物の群れにおける自由と社会

郡司ペギオ幸夫・村上 久・都丸武宜

郡司ペギオ幸夫
ぐんじ ぺぎお ゆきお

- 1987年東北大学大学院理学研究科博士課程後期課程修了,博士(理学). 神戸大学理学部地球惑星科学科助手,助教授,教授を経て,2014年早稲田大学基幹理工学部表現工学科教授. 神戸大学名誉教授. 著書に『原生計算』(2004, 東大出版会),『生命理論』(2006, 哲学書房),『生命壱号』(2010, 青土社),『群れは意識を持つ』(2013, PHP出版),『生命, 微動だにせず』(2018, 青土社)他.

村上 久
むらかみ ひさし

- 2015年神戸大学大学院理学研究科博士後期課程修了,博士(理学). 早稲田大学基幹理工学部表現工学科客員次席研究員,神奈川大学工学部情報システム創成学科特別助教を経て,2018年東京大学先端科学技術研究センター特任助教,現在に至る.

都丸武宜
とまる たけのり

- 2015年, 神戸大学理学研究科博士後期課程修了, 博士(理学). 2015年, 早稲田大学理工学研究所招聘研究員. 2016年, 早稲田大学 理工学術院客員次席研究員. 2017年, 豊橋技術科学大学 情報・知能工学系 研究員, 現在に至る.

1 はじめに

　動物の群れは，自己組織化過程の適切なモデルと考えられている．SPP（自己推進粒子）と呼ばれる群れのモデル[1]において，各個体は，近傍内の他個体速度を平均し，自らの速度をそれに合わせる．この規則だけで，分散していた個体が偶然接近するとき，個体は向きを揃え，構成員全体が同じ方向へと進み，秩序をもった巨大な群れが形成される．秩序の自律形成に自己組織化が認められるわけだ．とりわけ揺らぎをある種の温度と考えると，温度をパラメータとして速度の揃った群れ（固相）とランダムな群れ（液相）の間に相転移臨界現象が認められる．

　群れの SPP モデルで認められた秩序形成は，個体間相互作用以前には見られなかった大域的相関であり，その意味で創発と呼ばれる．創発現象として，大域全体の出現が正当化され，この延長上に，社会や自己，意識の出現まで説明されようとしている．しかし，ここでいう創発は，物質から生命，有機的組織から意識の出現を説明するような，質的変化を意味する創発だろうか．無から有の発生を説明するものはない．すなわち，SPP など群れのモデルは，無から有の生成を回避しながら，なお，秩序の創発，社会の創発を説明していなければならない．果たしてそうだろうか．

　社会や自己の出現を説明するには，ボトムアップには決して認められなかった，トップダウン操作の出現を説明する必要がある．その延長上にある意識や主観性に至っては，いかなる記述からも漏れ落ちる，ある種の記述の外部を論じる必要がある[2-3]．本稿では，記述の外部性として自己概念を構想することで，自己組織化に，本来の意味での自己形成を取り戻す提案を紹介し，その限りで，現実の群れが，他個体を記号化して相互作用するという意味での社会性を有していると主張する．本来の意味での自己組織化を実装する方法の一つが，受動と能動の混同であり，ベイズと逆ベイズ推論の対である[3]．

　動物の群れは，既存のモデルで説明できない，いくつかの特徴を有する．それは，個体の自由と社会性を両立させるものであり，人間の個体に認められる身体感覚の二重性に整合的な二重性をもたらすものである[4-5]．本稿では，まずこれらの特徴を説明するわれわれのアプローチに

ついて述べ，そこで提案されるモデルが記述の外部性を含意することを，ミナミコメツキガニの群れに関する解析を通して論じる．

2　動物の群れの二重性・意識の二重性

既存の群れのモデルは，個体の行動を規定する規則によって定義される．規則はすべての個体に適用される普遍性を有し，その意味で個体は機械のように受動的である．個体の能動性は，規則に従わないこと，すなわちゆらぎによってのみ表され，この意味で受動，能動は対立概念となる．

初期のモデルにおける受動部分は，SPP同様，速度の平均化を基本に据えていた．しかし画像解析技術の進展により，ムクドリ個体などの運動軌跡が判別可能となり，近傍半径が定まっていない，速度平均化自体が疑わしいという結果が得られるに至った[4-5]．以来，他個体を追尾し，追いつかれたら逃げるという規則（PEモデル）[6]や，位相近傍やボロノイ分割近傍などのさまざまな近傍が提案されてきたが，普遍性を有する受動部分とそれに対立する能動部分の結合という構図が変わることはない．

われわれは，この受動（規則）と能動（揺らぎ）の対立図式こそ問題であると考えている．前述のように，現実の群れにおいては，個体の自由と社会性が両立する．これは，群れが個体運動の多様性を担保しながら，強い集団性を示すことを意味する．SPPでもPEモデルでも，受動と能動の共立を説明することはできる．状態遷移規則を，受動的規則と揺らぎとの線形結合で表すだけだ．群れの集団性は，集団全体での速度ベクトルの和の大きさ——極性で定義される．このとき，集団性は，揺らぎの大きさに対して非線形に変化し，揺らぎの大きさが閾値を超えるまでは高い集団性を維持し，閾値を超えると集団性を突然崩壊させる．この集団性に関する相転移において，集団性と多様性の共立は，臨界値付近で認められることになる．

受動と能動の対立構造を認める限り，集団性と多様性の共立は，臨界現象と考えられる[7]．特定の環境に適応しながら，それ以外の環境に対処するには，限定された効率と万能性を両立させることが求められ，生物にとってそれは必須の機能と考えられる．臨界値付近の振る舞いはそれを満たしているというわけだ[1]．しかし，受動と能動の可能な組合せ

において臨界値はごく狭い領域である．どうやって臨界値が実現されるのか．それは生物にはたらく自然選択の結果である，と説明される[7]．

SPPモデルにおける物理学としての興味は，もともと相転移現象にあったとも言える．上向き極性と下向き極性の2状態を有し，格子空間に配置されたスピングラスのモデルは，隣接格子との相互作用のみで状態遷移を行う．スピングラスモデルは，スピン状態の揃った相と上下の極性がランダムに配置された相の間で相転移を示す．ところが上下2状態という離散量を連続量に変えると，相転移を示さなくなる．まさにSPPは，状態が0.0から1.0の間で連続的に変化する場合を実装したもので，かつ，相転移現象を示すものである．その理由は，SPPの場合，個体の位置が絶えず入れ替わり，相互作用が固定された隣接者に限定されないことに求められる．相互作用領域が実質的に集団全体にさえ拡大する．それこそが，相転移を示し，臨界現象を実現するためのメカニズムと考えられる．

臨界現象は，適応的計算能力とそこからの逸脱を共立させるものだ．適応した結果からの逸脱は，未来において有効なもので現時点での適応には無関係だ．したがって逸脱それ自体は，適応過程が厳格ではなく，最適化が時間的もしくは環境的要因に基づき進行しない場合に限ることとなる．それは，臨界現象の選択に特化した選択過程と言わざるを得ない．臨界現象の選択は，同義反復とならざるを得ない．

臨界現象の選択という問題は，しかし，受動と能動を対立図式と仮定したことに起因する人為的問題なのではないか．われわれはそのような問題意識を出発点として，受動と能動の不可分性を生命活動の基本的特性と考えた．そこに認められるのが，時間の非同期性である．同期時間において，受動と能動は分離される．非同期時間を考えるとき，受動と能動は常に混在したものとなる．それは群れにおいても現れる．

ここでいう同期とは，状態（個体位置）を更新するタイミングがすべての個体で一致することを意味する．現実の個体でそれはあり得ない．もし群れの中で，状態の更新が同期的だとすると，複数個体が同時に同じ場所へ移動し，そこかしこで衝突が起こる．これでは，群れを維持しながら運動することは極めて困難となる．ところが現実の群れではそのような混乱は認められない．われわれはこの問題を解決するために，非同期性と予期を導入した．各個体は，各時刻において確率的に移動すべき

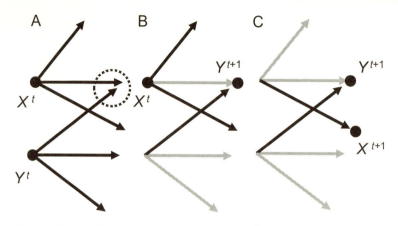

図1 予期と非同期時間を用いた群れのモデル.黒丸は個体を表し,個体の移動を非同期に実現する.

位置を有しているが,その確率分布は他個体にある程度予期される,と仮定された.この仮定は目的論を意味するものではない.個体は,モデルに陽に現れない振る舞いに反応していると仮定されるに過ぎない.相互予期と非同期的移動によって,衝突を避けながら近傍個体が集中すると予期される場所へ移動することが可能となる[8-9].

図1に予期と非同期時間を用いて運動する動物個体のモデルを示す.各個体が t および $t+1$ 時刻において存在している位置が,黒丸で示してある.また各個体は複数の可能的遷移を有し,それらは矢印で示してある.図1Aは時刻 t の状態を意味し,各個体(X と Y)は各々三つの可能的遷移を有している.この状態で各個体は,可能的遷移の重複している位置(ここでは点線円で示されている)を知覚できる.これが本モデルにおける予期の実装だ.つまり群れ内の個体は,みんなが行こうとしている場所(人気位置)を知ることができる,と仮定されている.群れ内の個体は,第一に人気位置に移動しようとする.したがって人気位置をターゲットとする可能的遷移を持つ個体の中からランダムにある個体が選ばれ,その個体のみ人気位置に移動するものとする(図1B).ただし,衝突を避けるように,ある個体が移動するとき,他個体は待っている.したがって図1Bでは移動した個体 Y は時刻 $t+1$ であり,個体 X は時刻 t にあり,異なる時刻が混在している.場所の移動を非同期に実行することで,衝突を避けることができる.モデルでは衝突を避ける

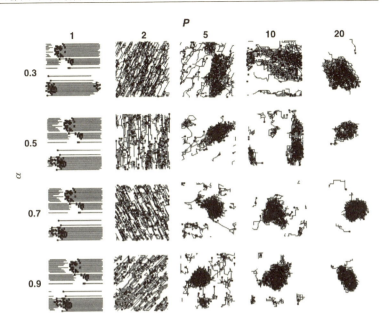

図2 パラメータ α と P を変化させることで認められる群れモデルの挙動のスナップショット．個体の位置を黒四角で，そこに至る数ステップの軌跡を実線で示している．

ために，個体 X は時刻 $t+1$ における Y の位置を避け，残り二つの可能的遷移から一つをランダムに選ぶ．こうして個体 X もまた $t+1$ 時刻における位置を決定できる．このモデルでは各個体が基準ベクトルと呼ばれる一つの可能的遷移を有し，そこから角度 α の扇型領域を有している．その扇型領域に P 個の可能的遷移を有し，それを用いて予期を実行することになる．

したがって，モデルを表す主なパラメータは α と P の二つである．当初，われわれはこれ以外にも近傍で基準ベクトルが向きを揃えるという規則を導入したが，のちにそれがなくても群れは実現されることがわかり，モデルのパラメータは α と P の二つのみとなった．非同期性と相互予期は，集団性と多様性の共立を容易に実現する．しかも時間が同期していないため，集団性と多様性の共立を臨界現象に起因させず，どこでも起こり得る普遍的性格と考えることができる．図2は，近傍内で向きを揃えるという規則を持ったモデルであるが，それでも α と P のほとん

どの領域で集団性と多様性の共立が認められる.

　図2では近傍内で向きを揃えるという規則が導入されているため, $P=1$ のとき α は意味をなさず, モデルは基準ベクトルを速度とする SPP となる. 図2の状況では向きを揃える規則に対する揺らぎは導入されていないため, 群れはただ全個体が向きを揃え, 直線的に運動することになる. P が5以上になると, 群れのいたるところで人気位置が発生し, 人気位置を巡って個体間で競合が起こる. ただし非同期時間が実装されているため, 衝突は起こらず, 群れはその内部で乱流のような激しい位置交換を行いながら, 群れとして一方向へ移動することになる. すなわち, 群れは一個の頑健な社会性, 境界の明瞭な群れを維持しながら, その内部に高い自由を担保することになる.

　予期と非同期時間によって, 受動と能動の絶え間ない混同が実現される. 能動とは, 他に強制されることなく自ら行動することであり, 受動とは他に強いられて行動することである. では, 図2に認められるような個体の行動は, 能動だろうか, 受動だろうか. 先に人気位置へと移動する個体 Y は, 一見能動的に見える. しかしそれは, 他個体によって人気位置へと誘導された移動であり, 受動的である. それは受動的能動と呼ぶべき態度であろう. 他方, 後から移動した X の移動は受動的だろうか. この個体は先に Y を移動させ, 衝突を避けるべく非同期時間によって待ったのである. それは, 待たされるという意味で受動的であるが, あえて受動的であることを能動的に実行し Y を先行させたとも言える. その意味で Y の行動は能動的受動と言えるものだろう. こうして, 予期と非同期時間の下では, 受動と能動はクリアカットできず, 受動的能動と能動的受動のような, 両者の混在がいたるところで認められることになる.

　われわれのグループでは, 西表島のミナミコメツキガニや鮎をモデル生物として, 群れの振る舞いを調べてきた. その結果, 群れの振る舞いには, 人間の身体の二重性——操作可能な部分の集まりとしての身体性と, 場所としての身体——構造化されない塊としての身体性といった二重性を持つことが明らかとなった. 前者は, 相関長と群れの大きさが比例し, 特異な運動をする群れの部分が群れ全体に対して相似関係を持つことで示される[8]. 後者は, 群れ全体がコミュニケーションを資源として探索される全体となっていることを意味し, 群れ重心を中心とした座

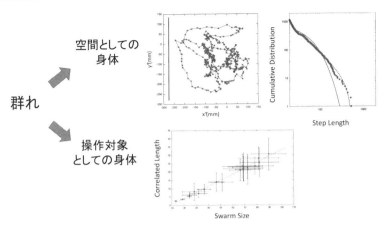

図3 群れに認められる空間的身体性と操作的身体性.

標系において,個体の運動がレヴィ歩行をしていることで示される[10].

図3の,操作対象としての身体として示されるグラフは,前述した予期と非同期時間に基づくモデルの数値計算結果である.一個の群れとして安定な群れに注目し,2個体速度間の相関関数が0となる距離を相関長とみなし,それを群れの大きさに対してプロットしたものがこのグラフである.すなわち,相関長とは,群れ全体の中で相関を持って運動するまとまった部位の大きさを示している.たとえば,身体全体に対する腕の長さのようなものが相関長である.相関長が群れのサイズに比例しているとは,部分と全体の関係が相似関係にあることを示している.これはスケールフリー相関と呼ばれている.このような相似関係は,ムクドリやミナミコメツキガニでも認められるが,既存のモデルではかなりパラメータを調整しなければ,相似関係が認められない.われわれのモデルでは広いパラメータ領域で,このような関係が認められる点に特徴がある.図3上にある空間としての身体の左の図は,群れの中のある個体の運動軌跡を示している.ただし座標は重心参照系で表されている.その右にあるグラフが個体の運動のステップ長分布を表している.つまり大きく曲がる地点から次に曲がる地点までの距離を1ステップのステップ長とみなし,その累積頻度分布を示している.それは,指数2のべき分布になっていることを示し,レヴィ歩行であることを表している.

現実の生物の群れでは,能動的に見える個体の行動が群れ内部の集団

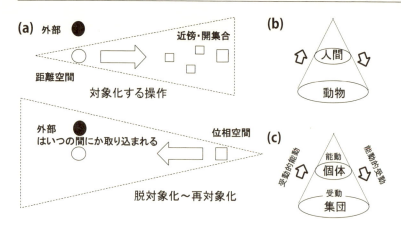

図4 (a) 対象化する操作と脱対象化する操作によって実現される経験的外部の取り込み. (b) 対象化・脱対象化を実現する論理的含意とその逆操作の反復.

的圧力によって受動的に実現されると考えられる行動がしばしば認められるが, これらの振る舞いは, 受動と能動が絶えず反転し, 両者の未分化性が実装された非同期と予期に基づくモデルでよく説明できるだろう[11]. しかし, われわれの目的はその先にある. こうして説明される群れが, 主観性や生命性を示すといえるだろうか, という問いである. 次節ではその点を論じていこう.

3 哲学的ゾンビを間接的に捉える

主観性を規定するために導入された概念こそクオリアである. クオリアとは, その人本人のみが秘匿的に感じる主観的質感のこととされる. クオリアの意味を明らかにするため, さらに哲学的ゾンビが導入された. 人間と哲学的ゾンビの相違は, クオリアの有無だけと定義される. それ以外のすべての振る舞い, および科学的測定結果のすべてに関して両者の間に違いはない, と定義される. 物理的属性がすべて同じで, そこに現れる現象が異なることなど在り得るのか, と科学者の多くは思うだろう. しかしここでは, 科学を客観的記述と規定している. したがって主観的感覚であるクオリアは, 主観が客観の外部である以上, 科学的測定の外部に位置付けられることは妥当である[12].

クオリアが科学的測定の外部にあるということは, 認識の外部にある

に等しい．ならばクオリアは，原理的に認識不可能な，思考不可能な概念ではないか．外部性によって規定する限り，そう推論することも不思議ではない．しかし，認識外部が認識に取り込まれることを，われわれは経験において知っている．主観性を理解するという問題は，実は外部性をいかに理解するか——経験的に知るとは何か，という問いなのである．認識の外部を認識するとはいかなることか．それは定義矛盾ではないか．そうではない．われわれは日常の経験で，昨日まで知らなかったことを今日知ることができる．昨日までの認識外部は，今日の内部となる．そしてそのような事例は，論理的な厳密さを要求される数学においてすら，認めることができる．

　距離空間を思い出してみよう（図 4(a) 上段）．要素間に何もない集合において，要素の間に距離を導入し，構造をいれる．距離空間では，距離によって半径が定義される開球を考えることができ，この開球を用いて開集合という概念を定義できる．開集合は，その要素を中心とした開球を適当な半径で定義すると，開球がその集合に含まれる集合，と定義される．このとき，開集合の性格として，(i) 普遍集合と空集合は開集合である，(ii) 任意個の開集合の和は開集合である，(iii) 有限個の開集合の共通部分は開集合である，という性格が証明できる．たとえば，有限個の開集合の共通部分が開集合である，という性格は，以下のように証明できる．共通部分の任意の要素は，重なる開集合の要素なので，要素を中心とする開球にはある半径が存在し，その開集合に含まれる．重なる開集合のすべてに対して，各々ある半径が存在するので，その中で最小の半径を取れば，その開球は，すべての集合に含まれ，共通部分に含まれると言える．こうして共通部分は開集合であることが示される．このとき，距離が証明体系の前提であり，開集合の性格は帰結である．前提から帰結を得る操作，これが図 4(a) に認められる対象化の操作である．論理的含意によって，認識できなかったものを対象化して認識可能とする．ただし対象化は，前提によって規定された可能的な事物をただ見えるようにする操作にすぎない．認識不可能な外部が，認知されるようになるわけではない．

　ところが数学の歴史において，この前提と帰結は，無理やり反転させられる．距離を前提とし，開集合の性格が帰結（証明）されたことを反転し，距離概念を忘れ，開集合の性格を満たすものとして，開集合を公

理化してしまう（図4(a)下段）．こうして，開集合が前提となる新たな空間——位相空間が定義された．位相空間は，距離空間を部分として取り込む，拡張された空間概念である．つまり前提と帰結が反転したことで，距離空間概念の外部だったものが，間接的に無自覚に包摂されてしまう．ここでは，距離空間の外部を陽に認識し，それを取り込んだわけではない．そうではなく，認識体系内部の証明体系における前提と帰結の反転のみで，無自覚に外部が取り込まれたのである．図4(a)では，前提となる部分は帰結される部分より小さな幅で描かれている．それは幅の大きさの小さいものが，前提・帰結の相対的前提を意味している．

前提と帰結の反転は，より単純な含意関係でも可能だ．図4(b)に示すのは，人間と動物の包含関係である．包含関係から，「人間ならば動物である」と言明できる．この前提と帰結を反転することは，論理的には許されない．すなわち「動物ならば人間である」は論理的には正しくない．しかし現実の言語は，それを使用する人間がいて言語であり，「動物ならば人間である」さえ有意味なものとしてしまう．たとえば，動物とは，所詮人間の認知のフィルターを通した人為的概念であり，その意味ですでに人間なのだ，というように解釈される．こうして，包含関係のみで成立する含意とは異なる文脈のすり替えが，結果的に実現される．論理的には認識不可能だった外部が，新たな体系では内形式化されている．

距離空間から位相空間への転回を実現した前提と帰結の反転こそ，認識外部のクオリアを理解する鍵となる．認識外部は直接アプローチできない．認識内部における前提と帰結の反転のみによって，外部は結果的に取り込まれる．取り込まれた刹那，それはすでに外部ではない．あくまでも，経験的に外部を取り込む運動を，内部のみにおいて駆動する認識担体が，外部への無自覚で間接的な相互作用を担保するのである．これこそ，主観性を担う概念のモデルであり，主体のモデルとなる．

前述の予期と非同期時間に基づく群れのモデルを，ここで再考してみよう（図4(c)）．能動と受動は，同期時間の下では分離される．それは，能動を担う1個体と，受動を担う集団との分離独立性を意味し，個体と集団の包含関係が絶対的であることを意味する．しかし，非同期時間の下では，個体の意味が全体の中に埋め込まれ，逆に全体の意味が個人の中に代入され封緘される．すなわち能動性が受動的能動によって実装され，受動性が能動的受動によって実装される．それは，集団から個体へ

の操作と，個体から集団への反転した操作を反復することにほかならない．したがってそれは，外部をとらえる経験を意味し，外部を内形式化し続ける現象にほかならない．この意味で，予期と非同期時間に基づく群れのモデルは，クオリアを経験するような主体性を担うシステムと考えられる．

本稿でわれわれは，この前提と帰結の反転をさらに簡単な形で展開しよう．これを実現する最も簡単なモデルこそ，ベイズ・逆ベイズ推論を実装したシステムである．ベイズ・逆ベイズ推論は，非同期時間と予期に基づく時間発展の延長に位置するモデルでもある．それについて次節で論じよう．

4 ベイズ・逆ベイズ推論

認識内部における前提と帰結の反転は，論理的整合性を壊すものである．「人間ならば動物である」が真であるのは，人間が動物の部分集合であるからだ．集合論で考えるなら，前提となる集合は，帰結となる集合に包含されなければならない．前提と帰結の反転はこれを破り，「動物は人間である」と主張することになる．そんなことが可能なのだろうか．

前提と帰結の反転が可能なのは，前提や帰結となる概念が，あらかじめその関係を規定されているわけではなく，別の関係の可能性に開かれ，すなわち認識体系の外部に，暗に接続されていることを意味する．「Sは人間である」と言えば，Sはある個人であるかのようだが，実は未定義で，人間を含む生物学的概念かもしれない．未定義性に開かれた概念において，「人間はSである」といった反転は可能となる．

未定義性に開かれた確率空間こそ，ベイズ推論が開く確率と考えられる．ベイズ推論とはベイズの公式

$$P^t(h \mid d) = \frac{P^t(d \mid h) P^t(h)}{\sum_k P^t(d \mid h_k) P^t(h_k)} \quad (1)$$

を用い，データ d が得られた条件下での仮説 h の確率 $P^t(h \mid d)$ を求め，これを条件無しの一般的確率とみなし

$$P^{t+1}(h) = P^t(h \mid d) \quad (2)$$

として，確率分布を変更する推論である．式 (2) は制限された小さな経

験を一般化してしまうことを意味する．つまりベイズ推論は，確率空間の中で与えられた環境（経験）に関与する部分を，考えるべき全体とみなし，他を無視する推論戦略と言える．だからベイズ推論は独断的省略を伴いながら速やかに最適戦略へ到達する戦略と考えられる．それは小さなものを大きなものとみなすことで世界描像を縮小する方法である．

前提と帰結の反転を導入するには，この逆の操作，小さな世界モデルを大きな世界に置き換えていく操作が必要となる．そこでわれわれが導入した操作が，

$$P^{t+1}(d \mid h) = P^t(d) \tag{3}$$

で定義される逆ベイズ推論である．特に $P^t(d)$ は経験的に時系列から得られる d 出現の移動平均である．ここで $P^{t+1}(d \mid h)$ は仮説 h における d の生起確率（尤度）を表すものであるから，式 (3) は認識空間を拡張・変質することを意味する．特にここで経験的時系列から得られる $P^t(d)$ を代入する仮説は，$P^t(h)$ が最も小さい仮説が選ばれる．こうして式 (2),(3) の対によって前提から帰結およびその反転の操作が実装される．ベイズ，逆ベイズ推論によって，推論システムは主観性を伴い，自己の様相を担うことになる．

逆ベイズ推論という概念はもともとイタリアの物理学者アレッキが提案したものである[13,14]．式 (1) では通常，経験に依存した仮説の確率 $P^t(h \mid d)$ を仮説の事後確率，経験取得以前のそれ，すなわち $P^t(h)$ を仮説の事前確率と呼び，事前確率から事後確率を得るために式 (1) の形式でベイズの公式を用いる．アレッキは，この公式を $P^t(h) = P^t(h \mid d)(\Sigma_k P^t(d \mid h_k) P^t(h_k))/P^t(d \mid h)$ と読み替え，事前確率を事後確率から導くものと考えたのである．これ自体は式の変形だけで，事前確率と事後確率を同時に異なる計算として実現するような，非論理的計算過程がどのように実現されるのかに関して，アレッキは論じていない．われわれが提案する逆ベイズ推論は式 (3) によって，事後確率を計算するための事前確率を経験的データによって変えていくわけで，実質的にアレッキの方針を継承したものとも言える．

図 5 で，意思決定者は，ベイズ推定・逆ベイズ推定の両者を用い，突然出現確率の変化するデータを推定している．ここでデータは 0 と 1 の 2 種類のみで，仮説は 1 の出現確率をさまざまに変えた仮説が 10 個用意

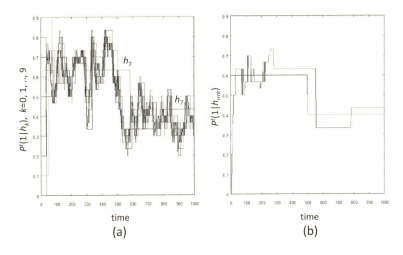

図5 ベイズ・逆ベイズ推定の両者を用いた意思決定の時間発展．データ数は 2，仮説数は 10 用意されている．(a) 各仮説におけるデータ 1 の確率の変化．特に時間発展 500 ステップ以降で最も確率の高い仮説 h_7 が特記されている．(b) 与えられたデータ 1 の確率（黒線）とベイズ・逆ベイズ推定の両者を用いた意思決定者が推定したデータ 1 の確率（赤線）を比較したもの．

されている．与えられたデータ 1 の出現確率時系列は図 5(b) に黒実線で示され，$t = 500$ で確率が 0.6 から 0.4 に急激に変化していることがわかる．図 5(a) は各仮説におけるデータ 1 の出現確率を色分けして示している．ベイズ推論だけを用いるなら各仮説におけるデータ 1 の確率，すなわち尤度は変化しない．ここでは逆ベイズ推論（式 (3)）に起因し，仮説の尤度は絶えず変化していることがわかる．特に t=500 以降で使われる仮説 h_7 はグラフに記号が併記されている．うまく急激なデータ条件の変化に対応した仮説 h_7 の確率が一気に高まり，最も確率の高い仮説として h_7 が使われるのである．実際，図 5(b) に示された赤線が，最も確率の高い仮説におけるデータ 1 の確率を示しており，ベイズ・逆ベイズの両者を用いた推定では，与えられたデータ 1 の出現確率を適切に再現できることがわかる．

また確率空間を縮小するベイズ推論，拡大する逆ベイズ推論を，結合確率と条件付き確率の関係に関して適用すると，データと仮説のランダムな結合確率分布は，速やかに対角化された部分領域（データと仮説の結合確率が高い確率で 1 対 1 に決定される確率分布）の直和を成す分布

へと速やかに収束することが示された[3]．これは，意識が，互いにほぼ独立な観点で世界を構想するモデルの貼り合わせとして自己組織化されることを示すものと考えられる[15]．

5 非同期時間と不断の推論反転

群れに認められた非同期時間の下での予期は，ベイズ，逆ベイズという推論における不断の反転を意味すると考えられる．第一に，予期と非同期時間は，受動を担う集団と能動を担う個体の間の混同を含意したという意味で，先のモデルはベイズ・逆ベイズで実装可能だ．ベイズ推論は条件付き確率という制限の中での概念を条件のない一般の中での概念に読み替える．それは集団の担う受動を個の担う能動に代入し，能動的受動を実装することにほかならない．同様に，逆ベイズ推論は一般的確率を条件付き確率と読み替えることで，個の担う能動を集団の担う受動に代入し，受動的能動を実装することにほかならない．第二に，より直接的な言い回しになるが，予期をしながらの選択は，可能的遷移の集合からの選択となる．これがさらに非同期に実現される．したがって非同期の時間発展を，タイムスライスが設定された同期的時間発展と見なすなら，選択の結果さえ，一個の位置に指定できず，複数の遷移の集合となる．こうして移動の選択は，要素数の大きな集合から小さな集合への縮小を意味し，予期のための遷移可能性の拡大は，逆に小さな集合から大きな集合への拡大を意味することになる．したがって前者は，条件を付けた確率によって条件のない確率を表し，確率空間を縮小するベイズ推論によって，後者は逆ベイズ推論によって実装可能となる．

われわれは，選択に関する同義反復をもたらす臨界現象を退けた上で，集団性と多様性の共立を説明するため，相互予期と非同期時間に基づく群れモデルを提案している[16]．そこでは，予期を通して位置を決定する．それは，位置の複数の可能性から一つを選択していく過程である．ところが，この選択を，非同期な時間において実現するから，これを同期時間の下で解釈すると，選択の結果もまた確率の縮退を意味するとは限らない．非同期な時間の下で進行する集団現象を同期時間で解釈するとき，ある個体の運動は他の個体の運動にとって過去であり，また別の個体の

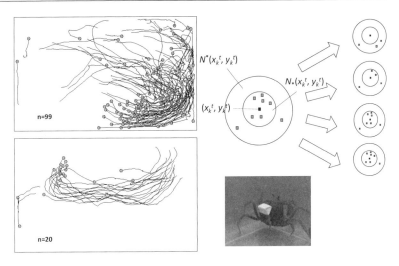

図6 実験室中でのミナミコメツキガニの運動軌跡（左）とベイズ・逆ベイズ推論によって解析した場合のデータと仮説の定義．写真のように各個体には紙製のマーカーが貼り付けられた．

運動は未来となる．したがって，ある個体の選択は，同時間面の以前，以後の変化にあって確率を縮退させず，特定の確率分布に留まることになる．この状況において同期的時間の下で，確率空間は，部分的なものから拡大・変質し，収縮することになる．それは，ベイズ・逆ベイズで実装される運動といえる．

　最近，われわれのグループではミナミコメツキガニ ($Mictyrus\ guinotae$) の 100 個体単位の群れを個体識別してその運動軌跡を記録しデータ解析を行っている．このカニは兵隊ガニと呼ばれ，数千数万規模の個体から構成される群れをなして，干潮時に現れる干潟を放浪する．実験室内でも，条件が整えば，個体は密な群れをなし，放浪することが可能となる．図6の写真に示すように，各個体には三角柱の紙製マーカーが貼られ，これによって動画から個体の追尾が可能となる．図6左に個体数 99 と 20 の場合の群れの運動軌跡を示す．いずれも一群の固まりとなって移動していることがわかる．SPP 同様，個体速度を平均化するボイドで群れを数値計算すると，個体は適切な個体間距離を維持しながら移動するため，個体の軌跡は群れ内部で交差しない．しかし図6では，個体の軌跡は絶えず交差し，群れ内部で位置を変え続けていることがわかる．

各個体を観察する限り，ある場合には仲間の密度の高い場所へ移動し，別の場合には密度の低い場所へ移動し，その移動様式が単純なものではないことがわかる．これについてわれわれは，群れの局所的密度をデータとし，局所的密度を選択する操作を仮説として，データと仮説の確率，条件付き確率を定義し，ミナミコメツキガニ個体がベイズ推論，逆ベイズ推論を用いている可能性を評価した．図6右に，解析におけるデータと仮説の関係を示している．ここで矢印の先にある4種の二重円が4種のデータを示している．それは当該の個体を中心に位置させたとき，個体小近傍に大近傍 (半径を2倍にした近傍) 内の多個体が集中している程度を4段階で示したものである．上から順に，中心が疎なものから密なものを表している．仮説は，現在の状態から，どのようなデータを目指して移動するかという移動戦略の確率分布によって示される．仮説もまた4種存在し，初期状態における仮説 h_k はデータ k への遷移確率が $P(k \mid h_k) = 0.4$，それ以外のデータへの遷移確率が $P(j \mid h_k) = 0.1, 0.2, 0.3 (j \neq k)$ で定義されている．ただし逆ベイズ推定が適用される場合，仮説の尤度は過去のデータ出現頻度に応じて変化し続けることになる．

　図7は，その解析結果の一部である．横軸は時間，縦軸は選択されるデータの最も大きい確率を有する仮説における尤度を示している．現実の密度選択変化は，時刻 t 以降の当該個体が選択したデータの確率を示している．ベイズ推論のみに基づく推論では，どの仮説を採用しても尤度は 0.1, 0.2, 0.3, 0.4 のいずれかになるから，その範囲で推論することになる．結果的にベイズ推論は，現実の密度選択変化と相関がなく，現実の個体がベイズ推定だけで意思決定をしているとは思われない．ベイズ推定と逆ベイズ推定の両者を用いて意思決定する場合，データ1の推定は現実の密度選択変化をよく反映していることがわかる．これは，現実のミナミコメツキガニ個体が，ベイズ・逆ベイズ推定の両者を用いてデータ推定を行い，意思決定していることを示唆するものである．

　図7右の二つのグラフは，100個体の群れ全体で，データの選択確率を平均したものである．ベイズのみを用いた推論の結果，ベイズ・逆ベイズの両者を用いた推論の結果，現実の個体のデータ選択の結果の各々を全個体に関して平均したもので，ベイズ推論のみに基づく意思決定は大きく変動していないことがわかる．これに対してベイズ・逆ベイズの両者を用いた推論は，現実の意思決定の変動を忠実に反映し，逆に，こ

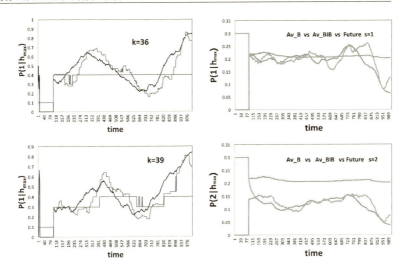

図7 ミナミコメツキガニの群れにおける現実の密度選択変化（左グラフでは黒線・右グラフでは初期状態で 0.3 から始まる折れ線）とベイズ推論のみに基づく推論（左グラフではステップ関数状を呈する・右グラフでは最も平坦な曲線）およびベイズ・逆ベイズの対を用いた推論（左グラフでは灰色線・右グラフでは 0.0 から始まる折れ線）．左の二つのグラフは 100 個体から構成される群れ内の個体番号 36 および 39 における 3 つの推論の比較．右の二つは 100 個体すべてに関する平均の比較を示す．

の推論の結果，現実の行動をしていると考えることが出できる．

　自然状態のミナミコメツキガニの群れでは，ある場合には個体は仲間を求めて集まり，密度の高い部分に個体が集中して大きな群れを形成するが，別な場合には個体は密度の低いところを求めて群れを解体する．このような現象は群れ内部でも常に進行し，結果的に群れ内部には疎密の分布が形成され，群れは都度に関する乱流を内部に維持しながら，群れ自体として移動することになる．本稿における解析は，このような複雑な挙動が，個体におけるベイズ推論，逆ベイズ推論によって実現されていることを示唆しており，ミナミコメツキガニが，自らの経験に依拠して確率を計算し，それに依拠していることを示すものである．

　最初の問いに戻り，ベイズ推論・逆ベイズ推論の意味を考えよう．それはミナミコメツキガニが，少数の事例から可能性の束を作り出し，可能性の束から一つの意思決定を作り出すことである．山の裾野を少しばかり歩き，キノコを二，三見つけただけで，「この山はキノコがたくさん

ある」と予期することは，歩いた小さな空間から，大きな空間（山全体）を想定し，「この山」と記号化することで山全体を黒く塗りつぶし，同時に記号を開いて（脱記号化して）歩くべき空間とすることだ[15]．同様に，時間をかけてもせいぜいキノコが二，三しか見つけ出せなかった場合に，「この山はキノコがない」と諦めることは，山全体を黒く塗り潰し，記号化することで可能性を封印することにほかならない．すなわち，ベイズ推論・逆ベイズ推論を用いた意思決定は，予期と諦めを伴うことになる．予期と諦めの延長上，記号化と脱記号化の延長上に，ある個体と他の複数個体との動的関係がある．他の多個体を記号化し，自己と混同し，不明なる他者という記号を脱記号化し，知り得ない外部を実体化する．こうして各個体は，自由な意思決定を実行しながら，他者と繋がった社会性を構想し移動することになる．ここに，自由と規範を両立した社会性が認められることになる．群れ全体のどこにも中枢はない．ただ，各個体は，自分と混同できるような社会性を知覚して行動することになる．このような，記号化と脱記号化過程を前提として相互作用を見直すこと，それこそが自己組織化を見出すアプローチにほかならない．

6 結論

動物の群れは，自己組織化のモデル現象としてよく調べられてきた．しかし"自己"という言葉を使う以上，主体性担体としての自己との関係を評価する必要がある．ここではそれを自己外部との間接的相互作用（外部を直接認識することは定義矛盾だから）に求め，外部を間接的に取り込む操作として前提と帰結の因果反転や，個体と集団の包含関係の反転に求めた．そのような操作は，大きな集合と小さな集合を区別しながら混同することであり，予期と諦めを実装する操作であることが示された．特に，非同期時間と予期に基づく群れのモデルは，その時間発展を同期的時間で解釈するなら，予期と諦めに対応する包含関係の反転が認められる．またそのような群れは，スケールフリー相関に対応する操作的身体という性格と，探索すべき空間に対応する所有的身体という性格を持ち合わせ，二重の身体を有することが示された．

集合を確率と考えるとき，集合の包含関係の代入と反転は，条件付き確率を通常の確率に置き換えること，およびその逆と考えることができ，

ベイズ・逆ベイズ推論の対に対比可能であることが示された．特にミナミコメツキガニの群れについて，個体を区別して軌跡を画像解析した結果，個体が高密度に向かうか低密度に向かうかに関して，自らの経験に依存してベイズ・逆ベイズ推論をして意思決定している可能性が示された．このことは，ミナミコメツキガニが，複数の他個体を記号化するという意味で社会性を有していること，その社会性は自由と共立することを示唆するものである．

参考文献

[1] Y Vicsek, A Czirok, E Ben-Jacob, O Shochet, (1995) PRL 75, 1226-1229.
[2] YP Gunji, K Sonoda, V Basios (2016) Biosystems, 141, 55-66.
[3] YP Gunji, S Shinohara, T Haruna, V Basios (2017) BioSystems 152, 44-63.
[4] M. Ballerini, N. Cabibbo, R. Candelier et al (2009) *PNAS* **105**,1232-1237.
[5] Cavagna, A., Cimarelli, C., Giardina et al (2010).. PNAS, 107, 11865-11870.
[6] P Romanczuk, ID Couzin, L Schimasky-Geier (2009) PRL 102, 010602.
[7] SA Kauffman, S Johnsen (1991) J.Theor.Biol.149, 467-505.
[8] YP Gunji, H Murakami, T Niizato et al. (2011) *Advances in Artificial Life* (Lenaerts, T. et al. eds.) pp.294-301.
[9] YP Gunji, H Murakami, T Niizato et al. (2011) In: "*Integral Biomathics: Tracing the Road to Reality* (eds. Plamen L. Simeonov, Leslie S. Smith,, Andree C. Ehresmann), Springer, Verlag, 169-180.
[10] H. Murakami, T. Niizato, T. Tomaru, Y. Nishiyama, YP. Gunji (2015) Scientific Reports, 5, 10605.
[11] H. Murakami, T. Tomaru, Y. Nishiyama, T. Moriyama, T. Niizato, YP. Gunji (2014) *PLoS ONE* 9(5): e97870, doi:10.1371/journal.pone.0097870.
[12] DJ Chalmers (1996) Conscious Mind: In Search of a Fundamental Theory. New York NY: Oxford University Press.
[13] FT Arecchi (2003) Mind and Matter: 1, 15-43.
[14] FT Arecchi (211) Nonlinear Dynamics, Psychology and Life Sciences 15:359-375.
[15] 郡司ペギオ幸夫 (2018) 生命，微動だにせず．青土社．東京．

[16] YP. Gunji, H. Murakami, T. Tomaru, T. Niizato (2018) Roy Soc Proc A (in press).

対戦型スポーツに対する統計物理からのアプローチ

成塚拓真

成塚拓真
（なりづか　たくま）

- **略歴:** 1989年　埼玉生まれ
  2012年　早稲田大学先進理工学部物理学科卒業
  2017年　早稲田大学先進理工学研究科物理学及応用物理学専攻博士後期課程修了, 博士（理学）
- **現在:** 中央大学理工学部物理学科助教
- **専門:** スポーツ統計科学, 統計物理学, 社会物理学
- **関心事:** マラソン, トレイルランニング

1 はじめに

1.1 スポーツとは

スポーツの定義

世界にはさまざまなスポーツが存在する．たとえば，2016 年の夏季五輪（リオデジャネイロ五輪）では 41 競技 306 種目，2014 年の冬季五輪（ソチ五輪）では 7 競技 98 種目が行われた．また，21 世紀スポーツ大辞典を紐解くと，そこには 150 以上の種目が紹介されている [1]．こうしたさまざまなスポーツの起源は，誕生した時期によって次の三つに分けることができる [2]．一つめは古代から存在するスポーツであり，古代ギリシャのオリンピア祭において行われた陸上競技やレスリング，紀元前中国の蹴鞠を起源とするサッカーなどが含まれる．二つめは近代になってイギリスやアメリカで誕生したものであり，野球，バスケットボール，バレーボール，テニスなどが挙げられる．三つめは第 2 次大戦後に普及した「ニュースポーツ」と呼ばれる一群のスポーツであり，その数は数百種類に上る [3]．さらに最近では，こうしたスポーツに加えて将棋やチェスなどを「マインドスポーツ」，コンピュータゲームを「エレクトリックスポーツ（e スポーツ）」[4] と呼んでスポーツの一つと考える動きも見られる．

このように，極めて膨大な種類のスポーツを，われわれが「スポーツ」と認識している理由は，それらがある共通した性質を備えているからである．これまでに，スポーツを定義する試みは多くの学者によって成されているが，特に 1952 年に B. Gillet が提示した「遊戯，闘争，および激しい肉体活動」という三つの条件はスポーツの共通性を簡潔に言い表していると考えられる [5]．また，1964 年に国際スポーツ体育評議会（ICSSPE）[*1] が提案した次の定義は，Gillet の条件をより具体的に表現したものである [6]：

「スポーツとはプレイ（遊戯）の性格をもち，他人との競争もしくは自己との闘い[*2]という形態を取るすべての身体

[*1] 1982 年に国際スポーツ科学体育評議会（ICSSPE）に名称が変わった．
[*2] 自己との闘いとは具体的に登山などの身体活動を指す．

活動をいう．」

これらの定義の特徴は，スポーツの持つ本質的な性格に「遊戯」を挙げている点である．この「遊戯」という言葉にはさまざまな意味が込められていると推察されるが，J. Huizinga や R. Caillois が指摘した遊戯論 [7, 8] に根ざすものと解釈するのが自然である．特に，Caillois の遊戯論によれば，遊戯とは基本的に次のような性格を持つ活動と定義される：(1) 自由な活動，(2) 時間的，空間的に隔離された活動，(3) 内容や結果が未確定な活動，(4) 規則のある活動，(5) 非生産的活動，(6) 虚構の活動．また，これらの性格を備えた個別の遊戯はさらに次の四つに分類することができる：(i) アゴン（競争の遊戯），(ii) アレア（偶然の遊戯），(iii) ミミクリ（模倣の遊戯），(iv) イリンクス（眩暈の遊戯）[*3]．Caillois は，「アゴン」の具体例として，実際にスポーツを挙げている．

遊戯の性格 (1)–(6) をスポーツが満たすべき条件として見たとき，(1)–(4) は今日行われているさまざまなスポーツが普遍的に有するものと見てよいだろう．一方で，多くの競技スポーツがプロ化を推し進める現状を考えると，(5) を絶対的な条件として要求することは難しい．また，(6) は「まったく同じ活動が日常生活において存在しない」という意味において，(4) と並列的に導入されたもので，Caillois 自身は「規則はそれ自身で虚構を作り出す」と述べている．ここでは ICSSPE によるスポーツの定義を念頭に置くが，「遊戯の性格」については (1)–(4) を基本的に満たすべき条件とする．ただし，その際に以下の点を前提とする．まず，「自由な活動」とは，おもしろさの追求および勝利の探求というスポーツの大前提を自発的に受け入れたという意味に捉える（すなわち，八百長などはスポーツとして認めない）．第二に，「すべての身体活動」は，肉体労働に加え頭脳労働も含むものとする（これはマインドスポーツを意識したものである）．

スポーツとルール

スポーツが有する重要な性質の一つが遊戯の性格 (4) に挙げられた「規則」（ルール）の存在である．われわれはこれにより，異なる時間，場所で行われた試合を同じスポーツとして「同一視」することができる．ス

[*3] 自らをパニック状態や朦朧状態に追い込むことでそれを楽しむもの（ジェットコースターなど）．

ポーツには種目ごとにさまざまなルールが定められているが，それらの究極的な目的はスポーツに対して「おもしろさ」を保証することである．そして，各種のルールはそうした目的を前提として，選手を含めた関係者間の合意によって成り立ったものと捉えることができる [9]．このことはルールの内容自体が常に可変的であることを示している．また，スポーツの定義が要求する「自由な活動」という条件から，選手は「おもしろさの追求」および「勝利の探求」を前提として受け入れており，それ故にルールに従わざるを得ない．

Morino によれば，スポーツルールは，「法的安定性の確保」および「正義の実現」という二つの機能を保持している [9]．このうち，法的安定性の確保とは，その種目において許される行為と禁止される行為を明確に定めることで，スポーツに対して一定の秩序を打ち立てるものである．一方，正義の実現とは，ルールに従わなかった選手の処罰の手続きを定めることで，公平性を担保しようとするものである．なお，ルール違反を処罰する権限が審判のみに与えられているのがスポーツルールの特徴である．

また，ルールの構造に目を移せば，そこには大きく分けて「マナーを律するルール」と「形式を定めたルール」の 2 種類が存在する [9]．マナーを律するルールには，一定以上の身体接触を禁止するルールなどのほか，スポーツマンシップやフェアプレー精神なども含まれる[*4]．後者はルールブックに直接記載されるようなものではないが，間接的に選手の行動を縛るという点で他のルールと変わりはない．一方，形式を律するルールには，試合の行われる空間や試合時間あるいは階級制（ハンディキャップ）等を定めた組織規範[*5]のほか，個別の種目ごとに定められたさまざまな内容（たとえば，サッカーにおけるハンドリングやバスケットボールにおけるトラベリングなど）が含まれる．これらのルールは科学的真理や道徳倫理などから正当化されるものではなく，おもしろさの保証を前提とした関係者間の合意のみによって成立している点が大きな特徴である．そして，そうしたルールの存在こそが選手に対して特殊な動きを強要し，複雑な相互作用を生む原因となっている．なお，個別のルール

[*4] フェアネスはスポーツに求められる絶対条件ではなく，おもしろさを保証するために関係者間の合意に基づいてルールに盛り込まれるものである．

[*5] これにより遊戯の性格 (2) が保証される．

は選手の行動を制限するものではあるが，ルールに従う限り各選手には行動選択の自由が認められている．そのため，たとえ同じルールの下で行われる種目であっても，試合によってその内容は異なる[*6]．

スポーツの分類

「遊戯」と「競争」を出発点とするすべてのスポーツは，個別に見ればそれぞれの種目に応じたさまざまな個性を兼ね備えている．そうした個別の種目を分類する試みはこれまでにも数々行われてきた．ここでは以降の議論の便宜上，スポーツの分類に関する一つの見方を示す．

まず，スポーツの定義を満たすすべての身体活動のうち，他人（他チーム）との競争という形態を取るものを「競技スポーツ」と定義する[*7]．競技スポーツでは，試合終了時点で他人（他チーム）との間に（引き分けを含む）勝敗が決する．勝敗の決め方は，基本的に，勝敗の基準となる得点や記録の加算が自動的に行われるものと，第三者（審判）の評価に依存するものに分かれる[*8]．たとえば，相手ゴールにボールが入った時点で得点が加算されるサッカーやバスケットボールは前者に属し，複数の審判員が演技に対して採点を行う体操やフィギュアスケート，あるいは審判の判定を勝敗の基準とする一部の格闘技（ボクシング，剣道など）は後者に分類される．

競技スポーツの中には，勝敗の基準となる得点の加算のために相手選手（チーム）の存在が前提となっている種目が存在する．ここでは，そのような一群の種目を「対戦型スポーツ」，それ以外を「非対戦型スポーツ」と定義する．対戦型スポーツでは，得点する機会（得点権）が常に両チームに与えられている種目と交互に遷移する種目が存在する．後者の例は，イニング制を取る野球やソフトボール，あるいはテニスなどのネット種目である[*9]．

なお，一般的な対戦型スポーツは基本的に1対1の形式であるが，中には，騎馬戦や一部のeスポーツ，ビリヤードなど複数の選手と同時に対戦する種目も存在する．

[*6] これにより遊戯の性格 (3) が保証される．

[*7] ほとんどの種目は競技スポーツに分類されるが，登山などを自分との競争と見れば非競技スポーツである．

[*8] もちろん，得点の判定が難しい場合に審判が介入することもあるがそれは例外である．

[*9] テニスなどのネット種目では，自身が得点権を持つのは相手コートでボールがバウンドしてから再び自身のコートでボールがバウンドするまでの間であり，その意味で後者に属する．

上記の観点を踏まえた，スポーツのタグ付けによる分類結果を表1に示す．

1.2 科学的対象としてのスポーツ

スポーツ科学の方法論

自然科学としてのスポーツ科学は，スポーツバイオメカニクス，スポーツ生理学，スポーツ医学，スポーツ心理学などを中心に，主に競技力向上などの実践的応用を目的として発展してきた．特に，物理学的観点からは，スポーツバイオメカニクスが主な研究の中心となっている．バイオメカニクスとは，生体の構造，機能を力学的観点から解明しようとする学問であり，その方法論を用いてスポーツにおけるさまざまな現象にアプローチする [10]．具体的に対象となるのは歩，走，跳，蹴，打，投などの個別の動作であり，これらに対して数理モデルの解析（順動力学），および実験を基にした力，トルクの推定（逆動力学）の二つのアプローチが行われる．こうした方法論の特性から，通常扱われるのは主に非対戦型スポーツであり，複雑な選手間相互作用や集団運動が見られる対戦型スポーツを扱うことは難しかった．

そうした中，最近ではさまざまなスポーツにおいて詳細なデータが取得可能となり，「スポーツ統計」と呼ばれる新たな分野が注目を集めつつある．スポーツバイオメカニクスが力学的手法を基盤としていたのに対し，スポーツ統計の分野で用いられるのは確率，統計の手法である．これは，従来の方法論が苦手とした選手，チーム同士の駆け引きや集団的ふるまいが本質的に重要な種目，すなわち対戦型スポーツの解析に道を開くものと言える．実際，スポーツ統計の考え方がいち早く広まったのは野球であった [11]．野球における選手評価や戦術分析の手法は「セイバーメトリクス」と呼ばれ，すでに1970年代にはB. Jamesによって体系化されていたが，2000年代以降，メジャーリーグを中心に急速に実用化されるようになった[*10]．

一方，野球以外の対戦型スポーツについては未だ発展途上であると言わざるを得ない．特にサッカーにおけるトラッキングシステムの導入などデータ収集の基盤は徐々に整いつつあるものの，それらを分析するた

[*10] このあたりの顛末は文献 [12] に詳しい．

表1 スポーツのタグ付けによる分類

種目	対戦	得点権	チーム数	勝敗
球技（サッカー，バスケットボール，ハンドボール，ラグビー，水球，ホッケー，アイスホッケー，ポロ），格闘技（フェンシング），その他（綱引き，雪合戦），格闘系eスポーツ	対戦	不明確	1対1	自動
格闘技（剣道，なぎなた，ボクシング，レスリング，テコンドー，柔道，空手，合気道，相撲，総合，サンボ）．	対戦	不明確	1対1	判定
じゃんけん，騎馬戦，一部のeスポーツ	対戦	不明確	複数	自動
ネット球技（テニス，バドミントン，バレーボール，卓球，ビーチバレー，セパタクロー），イニング制（野球，ソフトボール，クリケット），その他（スカッシュ，カーリング，ビリヤード，アメリカンフットボール，カバディ，ドッジボール），二人零和有限確定完全情報ゲーム，（チェス，将棋，囲碁，オセロ，チェッカー）	対戦	交互	1対1	自動
ビリヤード	対戦	交互	複数	自動
陸上競技，競泳，重量挙げ，ゴルフ，ゲートボール，乗り物（競馬，自転車，二輪，四輪，グライダー，熱気球），水上（ボート，カヌー，セーリング），射的（アーチェリー，弓道，ダーツ，射撃，ボーリング），スケート（スピード，ショートトラック），スキー（アルペン，クロスカントリー，クロス），スノーボード（アルペン，クロス），ソリ（ボブスレー，リュージュ，スケルトン），スポーツクライミング，ゲームフィッシング，マインド（暗算，暗記），記録型eスポーツ	非対戦			自動
体操系（体操，新体操，トランポリン），水泳系（シンクロナイズドスイミング，飛び込み），フィギュアスケート，馬術，サーフィン，スキー（基礎，フリースタイル），スノーボード（フリースタイル），コンテスト（ボディビル，書道，絵画）	非対戦			採点
スキー（ジャンプ，モーグル），登山	非対戦			複合

めの理論的背景が乏しい．また，スポーツ統計が実践的応用を主な目的としているため，選手間の相互作用によって生み出されるさまざまな統計的規則を理解するには別の視点が必要と思われる．次節ではこうした背景を踏まえ，対戦型スポーツに対して統計物理学の視点を導入する．

統計物理学の視点から捉えた対戦型スポーツ

統計物理学の基本的な考え方は，多数の構成要素からなる系のマクロな性質をミクロなモデルから階層的に理解しようというものである．ボルツマンやギブスによって構築された平衡統計力学の体系は，物質のマクロな熱力学的性質をミクロな力学（古典力学，量子力学）に基づいて説明することに成功した．また，非平衡統計力学の分野は未だ発展し続けており，いまや物質の性質だけでなく，生体内の分子モーター，鳥や車などの自己駆動系のダイナミクス，株価変動などの経済現象，階級形成や感染症，噂の伝播といった社会現象，あるいは言語体系等に至るまで幅広い現象の理解のために用いられている [13, 14]．

スポーツ研究においては，こうした統計物理学の視点によりこれまで着目されてこなかったスポーツ固有の統計的性質や法則性が明らかになる可能性がある．これらはスポーツ研究を行う上での基盤，あるいは出発点を与えるものである．その意味で，従来の統計学を基礎として発展した実用的な体系とは相補的な関係を成すものと考えられる．本稿では，特に対戦型スポーツに対し，統計物理学の手法を適用する．対戦型スポーツを統計物理学の視点から捉えるとき，次の3つの性質が重要な鍵となる：(1) 不確定性，(2) ルールの存在，(3) 階層性．以下では対戦型スポーツが有するこの三つの性質について概観する．

(1) 不確定性

対戦型スポーツで生じる不確定性には二つの種類がある．一つめは，選手の行動選択が，（選手自身の意思とは無関係に）サイコロの目などによって確率的に決まる場合に発生する不確定性である．これは，たとえば麻雀やバックギャモンなどのマインドスポーツにおいて見られ，多くのフィジカルスポーツでは生じない[*11]．これに対しもう一つの不確定性は，選手が選択した行動を実施に移す際に介在するものである．これは，

[*11] フェアネスの観点からそのようなルールが容認されない．

気象条件やピッチ状態などの環境要因，あるいは各選手の実力などに起因し，対戦型スポーツに限らずどの種目でも必ず生じる．しかし，対戦型スポーツにおいてはそれが選手自身だけでなく敵，味方との相互作用にも起因するという点でその性格が異なる．言い換えれば，対戦型スポーツでは敵や味方との間で予定調和はなく，他選手の行動は少なからず予期せぬ動きを含むため，これが不確定性を生み出す要因となる．こうした不確定性は，選手やボールの動き，あるいは得点の変動など対戦型スポーツを特徴付けるさまざまな量に影響し，結果的に揺らぎを含むランダムな変化を生み出す．さらに，そうした量の時系列は試合全体で見れば膨大な長さとなる．対戦型スポーツの研究では，このような時系列の存在により平均や分散あるいは分布などの統計量に着目したアプローチが有効となる．

(2) ルールの存在

ルールは選手が最低限遵守すべき規範を定めたものである．上述したように，スポーツにおいてルールが果たす重要な役割は，異なる時間，場所で行われた試合の同一視を可能にするという点である．しかし一方では，ルールの枠組みの中での自由な行動が選手に対し認められており，特に (1) 不確定性によって，たとえ同じ種目であってもまったく同一のゲームは存在し得ない．これは，共通するルールの下で行われた多数の試合の集まりが統計的なアンサンブルと見なせることを意味する．このことは第一の特徴とともに対戦型スポーツに対して統計的なアプローチの有効性を保証する．他方，そうしたルールは試合中の選手の行動を縛るものでもある．すなわち，選手は勝利という目的遂行のためにはルールに従わざるを得ず，試合中独特な動きを強いられることになる．たとえば，サッカーやバスケットボールではパス回し，マーキング，フォーメーションの形成が行われ，テニスやバドミントンではラリーの応酬が繰り返され，フェンシングや剣道では適切な間合いの下での駆け引きが展開される．このように，ルールの存在は統計的なアプローチの有効性を保証し，さらに極めて多様で複雑な動きを生み出す原因にもなっている．

(3) 階層性

対戦型スポーツでは，試合の各瞬間（ミクロな時間スケール）での不確定性を伴う相互作用の積み重ねにより，試合全体（マクロな時間スケール）においてさまざまな統計的性質が現れる．こうした時間に対する階層的構造は，不確定性，ルールの存在とともに対戦型スポーツに対して統計物理学の視点の有効性を保証する．特に，注目する量を確率変数と捉え，確率過程の枠組みに基づく時間発展の記述，あるいは粗視化した分布関数の性質を議論することが有効となる．

対戦型スポーツを階層的に捉えるとき，数秒単位での選手同士の相互作用に着目する場合が最もミクロな視点である．この階層では，各選手の位置，速度，加速度やパス回しによるボールの遷移等の情報が試合を特徴付ける主要な量となる．さらに，もう少し大きなスケールで観察すると，試合全体を構成するさまざまな局面の集まりを見出すことができる．たとえば，試合がストップするまでのインプレーの状態や，攻守が切り換わるまでの一連の流れ，あるいは得点やシュートにつながるプレーなどがこれに当たる．こうしたメゾスケールの階層では，特徴量の時間変化が興味の対象となる．最後に，1 試合全体，あるいは試合単位のスケールに注目する場合が最もマクロな視点である．この階層では，試合を特徴付けるさまざまな量の分布や勝敗のダイナミクスなどの解析が主に行われる．

なお，多対多で行われる種目については，時間的な階層性に加えて構成要素に関する階層性を考えることもできる．これについては第 2 節で触れる．

2 対戦型スポーツの研究

本節では，対戦型スポーツを対象とした先行研究のうち，統計物理学の観点から特に重要だと思われる研究および関連する手法についてまとめる．

2.1 リーグ戦，トーナメント戦

リーグ戦やトーナメント戦のダイナミクスは対戦型スポーツに対する最もマクロな視点である．Ben-Naim らは一連の研究において次のよう

なシンプルな数理モデルを提案した [15, 16, 17, 18].

- N チームに対し 1 から N までのランク x を割り当てる（ランクが低いチームほど強い）.
- ある条件の下でチーム同士が 1 対 1 の対戦を繰り返す.
- 対戦では 2 チームのランクを比較し，確率 q で下位チームが上位チームに勝つ.

彼らはこのモデルを基にリーグ戦やトーナメント戦を支配するスケーリング則について議論し，そのスケーリング特性が対戦の形式によってまったく異なることを示した．

まず，シングルエリミネーション形式のトーナメント戦を考える．この形式では，ラウンドごとに半数のチームが脱落し，最終的に残ったチームがチャンピオンとなる．チャンピオンチームのランク分布 $w_1(x)$，および最下位チームがチャンピオンになる確率 P_N に着目し，確率過程およびスケーリングの議論を駆使すると，$w_1(x)$ はべき的に減衰し，P_N も N に対してべき的なテールを持つことが示される．これは，下位チームが下克上を起こす可能性をそれなりに有し，かつチーム数を増やしてもその可能性が残ることを意味する．すなわち，トーナメント戦は本質的にアンフェアな形式である．

次に，リーグ戦を考える．この形式では，各チームが他の全チームと t 回ずつ試合を行い，最も勝数の多いチームがチャンピオンとなる．トーナメント戦と同様の量に着目すると，$w_1(x)$ のテールはガウシアン，P_N は指数関数となることが示される．これは下位チームがチャンピオンとなる可能性は極めて低いものの，上位チームにはそれなりのチャンスがあることを意味する．一方，最上位チームが常にチャンピオンになるために必要な試合数は N^3 と見積もられる．実際のリーグ戦でこれを満たすのは難しく，この意味でリーグ戦はトーナメント戦に比べてフェアであるが，実力どおりのチャンピオンを生み出すには効率が悪い形式といえる．

彼らは以上の結果を踏まえ，より効率的でフェアな形式として，予選ラウンドを取り入れたリーグ戦を提案した．この形式では，最上位チームが常にチャンピオンになるために必要な試合数が $N^{9/5}$ に修正される．これは，単独のリーグ戦よりも試合数を少なく抑えることができること

を意味し，実力どおりのチャンピオンを効率的に生み出せる形式となっている．

なお，トーナメント戦のスケーリング則に関しては，アメリカ学生バスケットボール選手権（NCAA）のデータを用いてその有効性が検証されている．統計物理学の視点からは，このモデルは社会における階級形成を記述するモデルの一つとして位置づけられる [19, 13]．

2.2 得点変動

得点変動はスポーツの競争的な側面を直接的に反映した量である．得点データは取得が容易であることから，これまでにさまざまなスポーツを対象に多種多様な解析が行われてきた [20, 21, 22, 23, 24, 25, 26, 27, 28]．特に，得点の時系列は不規則な変動を示すことから，得点変動をランダムウォークの観点から捉えることは自然である．これまでに，得点の発生過程がポアソン過程によって近似できることが複数のスポーツ（サッカー，バスケットボール，アメリカンフットボール，アイスホッケーなど）において示されている [21, 22, 23, 26]．Clauset らはこれらのスポーツにおける得点差（リード）の時系列 $X(t)$ についてさらに詳しい理論的考察を行った [27]．彼らが着目したのは $X(t)$ から得られる次の3つの量である：(1) $X(t)$ の符号が不変である時間（一方のチームがリードを続ける時間）の分布 $\mathcal{O}(t)$，(2) $X(t)$ の符号が最後に入れ替わった時刻（リードが最後に入れ替わった時刻）の分布 $\mathcal{L}(t)$，(3) $|X(t)|$ が最大となった時刻（リードが最大となった時刻）の分布 $\mathcal{M}(t)$．もし，$X(t)$ が単純なランダムウォークと見なせるならば，これら三つの分布はいずれも逆正弦分布

$$\mathcal{O}(t) = \mathcal{L}(t) = \mathcal{M}(t) = \frac{1}{\pi}\frac{1}{\sqrt{t(T-t)}} \tag{1}$$

に従うことが知られている（T は時系列の長さ．それぞれ第一，第二，第三逆正弦則と呼ばれる）．逆正弦分布は双峰性の分布であり，われわれの直感とはかけ離れた結果を示唆する[*12]．しかし，バスケットボール（NBA）のデータでは，$\mathcal{O}(t)$, $\mathcal{L}(t)$, $\mathcal{M}(t)$ がいずれも式 (1) とよく一

[*12] たとえば，対称なランダムウォークならば各チームがリードしている時間は半々くらいになりそうである．しかし，逆正弦則によると頻繁に逆転を繰り返す試合と一方のチームがリードし続ける試合の頻度が最も高くなる．

致することが確認されている．一方で，アメリカンフットボール，ホッケーのデータでは，逆正弦則からのずれが生じる．彼らはこの原因がそれぞれのスポーツの得点率の違いに起因すると考察している．実際，バスケットボールでは，8秒ルール，24秒ルール，バックパスバイオレーションといった促進ルールのために高い得点率を有するが，アメリカンフットボール，ホッケーではフィールドでの複雑なダイナミクスのために得点率が 10〜25 倍程度小さい．

得点変動は，すべてのスポーツで単純なランダムウォークを示すわけではない．その一例として，いくつかのスポーツの得点変動時系列 $S(t)$ の分散が時刻 t に対して

$$\left\langle [S(t) - \langle S \rangle]^2 \right\rangle \sim t^\beta, \quad (\beta \neq 1)$$

とスケールされることが知られている（異常拡散）[24, 25, 28]．たとえば，クリケットの得点変動では $\beta \simeq 1.3$ となることが Ribeiro らによって報告されている [24]．クリケットでは，ある時刻における得点の分布が正規分布に従う（ガウス性），ハースト指数が $H \simeq 0.63$ となる（長期記憶性）といった性質を併せ持ち，これらは非マルコフ的な Langevin 方程式

$$\frac{d^2 S(t)}{dt^2} + \int_0^t \lambda(t-\tau) \frac{dS(\tau)}{d\tau} d\tau + K = \xi(t)$$

によって再現することができる．da Silva らはサッカーのリーグ戦における勝ち点の変動時系列において，同様の異常拡散 ($0.54 < \beta/2 < 0.84$) が見られることを報告している [25]．彼らはこれらの結果に対し平均場モデルおよびエージェントベースモデルを用いて考察し，後者のモデルにおいて同様の指数 β が再現されることを示している．その他のスポーツでも，たとえばオーストラリアンフットボールの得点差時系列で同様の異常拡散（$\beta \simeq 1.24$）が得られることが確認されている [28]．

Kiley らはオーストラリアンフットボールを対象とした同様の研究において，得点変動のパターンを "game story" と呼び，階層的クラスタリングを用いた分類を行った．その結果，僅差で勝負が決した試合，大差が着いた試合，逆転が起きた試合など，さまざまなタイプの試合が連続的なスペクトルとして分類できることを見出した．また，得られたデータをランダムウォークに基づくモデルと比較し，実データの方がより豊

富なパターンを含むことを確認している．こうした分類手法は，試合結果の予測に対しても有用である．

得点に対する別の見方として，Malacarne らはサッカーのリーグ戦において1選手が1シーズンであげた得点数の分布 $N(x)$ に着目した [20]．彼らは，複数のリーグ戦データを用いて，$N(x)$ が Zipf-Mandelbrot 則に従うことを報告している．また，この性質を反映し，グラフの軸を適当にスケールすることでさまざまなリーグでのデータが一つの関数で表されることが示されている．

以上のように，得点変動の時系列はランダムウォークの観点からさまざまな統計的性質が調べられているが，揺らぎが有する性質は種目によって少しずつ異なる．そうした違いを種目ごとの特性を踏まえて統一的に整理することが今後の課題であると思われる．

2.3 優勢領域とフォーメーション

集団球技では，フィールド上で効率的なパス回し行う上で各選手のポジショニングが重要となる．通常，各選手は味方同士である程度の距離を保つことにより，フィールド上の広範囲にパスを出せるようなポジショニングを行う．これにより，各選手の周りには守備範囲や勢力圏，あるいはより専門的に「ゾーン」と呼ばれる領域が存在することになる．Taki らはこうした領域を定量的に特徴付けるため「ある選手が他のどの選手よりも速く到達可能なフィールド上の領域」に着目し，これを「優勢領域」と呼んだ [29]．優勢領域の典型的な例はボロノイ領域である．これは，フィールド上の各点をどの選手に近いかによって分割したもので，最も単純な定義といえる．より現実的な定義は各選手の位置に加えて速度と加速能力を考慮する方法で，「運動モデル」と呼ばれる．運動モデルでは，各選手の動きを運動方程式によって記述し，それによって優勢領域を定める．Taki らは時刻 t_0 に速度 $\boldsymbol{v}(t_0)$ を持つ選手が，全方向に等しい加速度 $F\boldsymbol{e}$ で加速できると仮定し，時間 t 経過後の選手の位置を

$$\boldsymbol{x}(t) = \frac{1}{2}\frac{F}{m}t^2\boldsymbol{e} + \boldsymbol{v}(t_0)t + \boldsymbol{x}(t_0)$$

で与えた [29, 30]．Fujimura らはこのモデルに選手の速度に比例した抵抗力 $-k\bm{v}$ を考慮し，

$$\bm{x}(t) = V_{\max}\left(t - \frac{1-\mathrm{e}^{-\alpha t}}{\alpha}\right)\bm{e} + \frac{1-\mathrm{e}^{-\alpha t}}{\alpha}\bm{v}_0 + \bm{x}_0$$

という拡張を行った [31]．ただし，$V_{\max} = F/k$，$\alpha = k/m$ である．いずれの場合も，すべての加速方向 $\bm{e}$ に対して $\bm{x}(t)$ を求め，それを選手間で比較することで，優勢領域が定まる．

運動モデルを用いた場合の大きな特徴は，ある選手の優勢領域が必ずしも連結領域とならないことである．たとえば，初速によっては相手選手の後ろ側にも自身の優勢領域が現れる．これはボロノイ領域との大きな違いである．

以上の優勢領域を用いてチームの戦術を評価する試みが多く行われている．Taki らは，選手の感じるプレッシャー度合い P を優勢領域を用いて次のように定量化した [30]：

$$P = mP_D + (1-m)P_B \qquad (0 \leq m \leq 1).$$

ここで，P_D は味方選手の優勢領域面積により決まるファクター，P_B はボールとの距離によるファクターである．同様の指標は Fujimura らによっても提案され，プレッシャーの変化とパスの発生に関係があることが指摘されている [31]．

優勢領域はボールに対して拡張することも可能である．特に，任意の初速および初期角度に対してボールの優勢領域を求め，それを選手の優勢領域と比較すれば，各選手がそのパスをレシーブ可能かどうか判断する指標となる．こうした観点からの研究は Fujimura ら [31] や Gudmundsson ら [32] によって行われているが，手法の提案に留まっている．

試合の戦況変化を捉える上でも優勢領域は役立つ．たとえば，試合中の各チームの優勢領域の面積は，攻撃側チームの方が守備側チームよりも大きくなることが指摘されている [30, 33, 34]．こうした傾向は，優勢領域だけでなく，チームの広がりを表すさまざまな指標を用いて確認されている．たとえば，Yue らは各チームの重心位置から各選手までの距離の平均値，Bourbousson らは重心位置からの標準偏差を用いている [35, 36]．特に，Bourbousson らは両チームの慣性半径の差の符号の入

れ替わりがボール保持チームの入れ替わりに対応していることを見出した．彼らは，こうした傾向が，守備側の選手が相手とゴールの間にポジションを取るのに対し攻撃側の選手はサイドに広がろうとすることに起因すると考察している．

以上のように，優勢領域の定義方法およびそれに基づくいくつかの指標の提案がこれまでに行われている．しかし，こうした指標を用いた試合分析は十分に成されておらず，その妥当性の検証も定性的な議論に終始している．優勢領域を用いた解析に基づき，いかに意味のある性質を抽出するかが課題である．

集団球技において優勢領域とともに重要な意味を持つのが，各チームの選手同士の相対的な位置関係，すなわち，フォーメーションである．フォーメーションを形成する個々の選手には，通常一つのポジションが割り当てられ，それに応じて試合中の役割が異なる．たとえば，多くの球技において，攻めを担当する選手はフォワード，守りを担当する選手はバックスのポジションが割り当てられる．フォーメーションの定義はBialkowski らによって次のように与えられている [37]：

> フォーメーションとは N 人の選手の空間的な配置を表す N 個のポジションの任意の順序集合 $\{R_1, \cdots, R_N\}$ のことである．

フォーメーションを表す方法の一つはフィールド上の絶対座標による表記である．たとえば，サッカーでフォーメーションを表す際に用いられる 4-4-3, 4-5-1 のような簡易的な表記は絶対座標を念頭に置く場合が多い．この方法は，試合全体での各選手の平均位置に着目する場合には有効であるが，試合のダイナミクスを捉えるためにはむしろ選手同士の相対的な位置関係に着目すべきである．こうした観点から，各チームの重心位置を中心とした座標系（重心系）においてヒートマップを基にしてフォーメーションを定義する手法が考案されている [37]．

多くの球技では，試合中にポジションの入れ替わりが生じることも少なくない．そこで，Lucey らは，各選手を選手固有の ID（背番号や名前など）で識別するのではなく，試合中に動的に割り当てられたポジションによって識別する方法（Role representation）を提案した [38]．この見方では，あらかじめ選手同士の相対的な位置関係によって定められた

ポジションを各時間ごとに選手に割り当てる．したがって，注目しているポジションに該当する選手は時々刻々と入れ替わることになる．このように，各選手に対してポジションを割り当てる操作は

$$R(t) = x(t)I$$

と表される．ここで，I は各選手の ID を並べたベクトル，$R(t)$ は時刻 t のポジションを並べたベクトル，$x(t)$ は 0 または 1 をとる行列で $\sum_j x_{ij}(t) = 1$ を満たす．たとえば，$x_{ij}(t) = 1$ であるとき，選手 i にはポジション j が割り当てられる．なお，ポジションの検出手法についてはさまざまなアルゴリズムが提案されているが，確立された方法はない．

　Role representation に基づく試合分析もいくつか行われている．Wei らはヨーロッパリーグの試合に対して，特定の場面（シュート場面，守備場面，コーナーキック，フリーキック）で頻出するフォーメーションを階層的クラスタリングによって分類した [39]．Bialkowski らはサッカーの試合（375 試合の前半，後半データ）から 1411 のフォーメーションを検出し，それらをクラスター分析によって 6 つのクラスターに分類した [37]．これにより，重心系においても 4-4-2 など特徴的なフォーメーションが現れることを明らかにしている．また，Bialkowski らは続く論文において，ホームチームとアウェイチームのパフォーマンスの違いをフォーメーションから特徴付ける試みを行っている [40]．Lucey らは，バスケットボールの 3 ポイントシュートの成功率と最近接選手間距離の関係を調べ，シューターの 6 フィート以内に相手選手がいない状態を "open" な状態（シュートに有利な状態）と定義した [41]．特に，ディフェンスチームのポジションの入れ替わりとシューターが "open" になる確率が有意に関係することを明らかにしている．

　フォーメーションは攻撃や守備，パス回しなどチームの機能を考える上で極めて重要な意味を持つと考えられるが，定量的な特徴付けは十分でない．その原因の一つは，フォーメーションという概念自体が漠然としているためであると思われる．Bialkowski らによる手法はフォーメーションを特徴付ける上で有用であるが，ある時間間隔における各選手の平均位置（ヒートマップ）を基にしているため，数秒単位でのフォーメーションの組み替えや異なる時刻間での比較が難しい．フォーメーション

の動的な組み替えやネットワーク構造の変化，ポジションの入れ替わりなどを定量的に解析できる新たな手法が必要である．

2.4　フィールド上でのボールダイナミクス

サッカーのように広大なフィールドで行われる種目では，ボールを相手ゴールに運ぶまでにさまざまな過程を経る必要があるため，1試合での得点頻度が低い代わりにフィールド上で多様なダイナミクスが現れる．その一つが球技において共通に見られるパス回しである．パス回しは選手をノード，パス経路をエッジと考えることでネットワークの形に単純化できる．これを「パス回しネットワーク」と呼び，パス回しを定量化する際によく用いられる．通常のパス回しネットワークではエッジの向きとパス回数による重みを考慮した重み付き有向グラフが用いられるが，ノードとエッジの定義方法をアレンジしたさまざまなバリエーションが存在する．たとえば，通常のパス回しネットワークに対してシュートやファウルなどに対応する新たなノードを加えたものは「遷移ネットワーク」と呼ばれる [42]．

これまでに，さまざまなネットワーク指標を用いた選手，チームのパフォーマンス評価が試みられている [43, 44, 45, 46, 47, 48, 49, 50, 51]．たとえば，チームの評価指標としては，平均ノード間距離，平均クラスタ係数，連結性，最大クリークサイズ，平均媒介中心性，エントロピー，選手の評価指標としては，次数中心性，近接中心性，媒介中心性，ページランク，クラスタ係数などが用いられている．以下では，関連する先行研究のいくつかを紹介する．

Grund らはイングランドプレミアリーグのデータから 1520 の重み付き有効ネットワークを作成し，パス回しの不均一性とパフォーマンスの関係を議論した [46]．彼らは各ノードの次数，およびエッジの重みの不均一性を定量化するために Freeman が提案した集中性指標 C_k および C_w を用いた [52]．これは，次数 k，エッジの重み w のそれぞれに対して

$$C_k \propto \sum_i [\max(k) - k_i],$$
$$C_w \propto \sum_i \sum_j [\max(w) - w_{ij}]$$

と定義される．すなわち，各量が均一に分布しているときに低い値をと

り，逆にある所に集中しているときに高い値を取る．彼らはこれらの指標と各チームが 1 試合で上げた得点（パフォーマンス）の関係を調べ，集中性が高いほどパフォーマンスが下がることを報告している．

Duch らは枠内へのシュートおよび枠外へのシュートを表す二つのノードを加えた遷移ネットワークを作成し，「フロー中心性」と呼ばれる指標に基づくパフォーマンス評価を試みた [43]．ノード i のフロー中心性は，i を経由する全経路の中で，シュートで終わった経路の占める割合として定義され，媒介中心性に類似した指標となっている．彼らは，選手 i のパフォーマンス指標 ρ_i をフロー中心性の対数として定義し，さらにそれをチーム内の n 人の選手について平均した量 $\langle\rho\rangle_n$ をチームのパフォーマンス指標とした．この指標と試合の勝敗の関係はユーロ 2008 の試合を用いて検証されており，$\langle\rho\rangle_n$ がチームの強さを表す客観的な評価指標になり得ることが示されている．

Cotta らは，各選手がどの場所でパスを行ったかという空間情報を含む形にネットワークを拡張した [48]．彼らが提案した方法は，フィールドを 9 つのエリアに分割し，エリアと選手の組合せによって一つのノードを定義するというものである（フィールドの分割方法には任意性がある）．具体的なネットワークの作成法は，たとえば，選手 1 がエリア 2 でパスを受けた場合には $(1,2)$ というノードに対してエッジを張るという方法である．彼らはこのネットワークを 1 分ごとに 15 分の幅で作成することで，ネットワーク構造の時間変化の抽出も試みている．この論文では 2010FIFA ワールドカップの優勝チームであるスペインの試合を対象に，クラスタ係数や固有ベクトル中心性を用いた解析を行っているが，その特徴付けには課題があると述べられている．

Gyarmati らはパス回しのパターンを特徴付けるため，3 つの連続するパスから構成されるネットワークモチーフを提案した [49]．これは，同じチームに属する異なる選手を A，B，C，D としたときに得られる ABAB, ABAC, ABCB, ABCA, ABCD という 5 つのパターンからなり，「フローモチーフ」と呼ばれる（5 つのパターンの中で，任意の文字を入れ替えたパターンはすべて同じとする）．Peña らはフローモチーフを選手レベルに拡張した [50]．彼らは着目する一人の選手（a と表す）を特別視し，a から見たパス回しのパターンとしてモチーフを定義した．こ

れにより，モチーフの数は次のように 15 種類となる：

aBaB, BaBa, aBaC, BaBC, BCBa, aBCa, BaCB, BCaB

aBCB, BaCa, BCaC, aBCD, BaCD, BCaD, BCDa.

これらのモチーフの出現パターンをさまざまな選手に対して調べることで，選手ごとのパス回しの特性を知ることができる．具体的な応用例として，彼らはイングランドプレミアリーグ，スペインリーグ，およびチャンピオンズリーグの試合を対象に，全 1296 選手に対して各モチーフの出現頻度を調べ，主成分分析とクラスター分析によって各選手を類似度別に分類している．

一方，フィールド上でのボールの不規則な遷移過程は，いくつかの統計的性質を有することが知られている．Mendes らは，サッカーにおけるパス回しの時間的性質を特徴付けるため，各選手のボール保持時間に着目した [53]．彼らは南アメリカ，ヨーロッパ選手権の試合を対象にボール保持時間の分布を調べ，いずれの試合でもテールを除く部分はガンマ分布，テール部分は指数関数よりも遅い減衰を示すことを見出した．この結果は，パス回しのダイナミクスがポアソン過程をベースにして理解できることを示唆する．そこで，彼らはまず，各選手がパスを受けてからボールを失うまでに平均 λ 回のタスクが行われ，各タスクがポアソン過程に従うと仮定した．これにより，ボール保持時間がガンマ分布に従うことが示される．さらに，彼らはこのモデルを λ が時間に依存する場合に拡張した．この拡張されたモデルでは，ボール保持時間分布が q-ガンマ分布となるが，テール部分を含め，実データとよく一致することが確認されている．

Kijima らはサッカーの試合におけるボール位置と 2 チームのフロントライン位置に着目し，その変動時系列 $u_b(t)$, $u_f(t)$ を調べた [54]．彼らはハースト指数 H を平均二乗変位およびパワースペクトルという 2 通りの方法で求め，ボールの位置変動については $H \simeq 0.65$，フロントラインの変動については $H \simeq 0.7$ という結果を得た．すなわち，いずれも持続性を持つランダムな時系列（非整数ブラウン運動）であることがわかる．さらに彼らは，ボールとフロントラインの位置および速度が対称な分布になることを見出した．直感的には攻める方向への指向性等のバイアスにより，非対称な分布になると予想されるが，それとは反する結果

が得られている．この結果は選手同士の攻防によりランダムな揺らぎの効果がバイアスの効果よりも支配的となったことに起因するものと結論されている．

2.5 選手間相互作用

多数の構成要素からなる系の協力現象やそれに伴う自己組織化を扱う分野は「シナジェティクス」と呼ばれ，Haken によって構築された [55]．また，シナジェティクスの概念に基づき，さまざまな運動によって生成されるパターンを力学系の理論に基づいて理解しようという流れもある[*13]．その代表的な例としてよく知られているのが Kelso らの実験である [56]．彼らはこの実験において，両手人差し指をメトロノームに合わせて逆位相で動かすという課題を行った．その結果，メトロノームの周波数を増加させたとき，ある周波数において突然両指の動きが同位相に切り換わるという相転移が見られた．また，この課題を逆に行う（同位相の状態から周波数を下げる）と，逆位相への転移は起こらないことが確認された．Haken らは Kelso らの実験結果を受け，両指の位相差 ψ に対する数理モデル（HKB モデル）を提案した [57]．HKB モデルは二つのパラメータ a, b を含む次の微分方程式によって記述される：

$$\dot{\psi} = -a\sin\psi - 2b\sin 2\psi.$$

このモデルは b/a の値の減少とともに $\psi = \pm\pi$ のアトラクターが消失して $\psi = 0$ が単安定となり，かつヒステリシスが生じることから Kelso らの実験結果を正しく記述する．

このモデルでも用いられているように，運動に関する協調行動を定量化する一般的な手法として相対位相を用いる方法が知られている．これは，二つの時系列 $x_1(t)$, $x_2(t)$ から相空間上の位相 ψ_1, ψ_2 を定義し，その差 $\psi = \psi_1 - \psi_2$ によって時系列の類似度を測る手法である．ψ は位相であるため，$-\pi \leq \psi \leq \pi$ を満たし，$\psi \to 0$ のときは同相同期，$\psi \to \pm\pi$ のときは逆相同期に対応する．通常，時系列 $x_1(t)$ から位相 ψ_1 を計算するには次の手順に従う．まず，$x_1(t)$ および $\dot{x}_1(t)$ の定義域が $[-1, 1]$ と

[*13] 認知科学や発達科学の分野では「ダイナミカルシステムズアプローチ」と呼ばれる．

なるように変換を行う*14．変換後の時系列を $X_1(t)$, $\dot{X}_1(t)$ とする．その上で，横軸に $X_1(t)$, 縦軸に $\dot{X}_1(t)$ をとることで相空間を構成する．これにより，位相 ψ_1 は

$$\psi_1 = \arctan\left[\frac{\dot{X}_1(t)}{X_1(t)}\right]$$

と計算される．あるいは，ヒルベルト変換による方法もよく用いられる [58]．ただし，用いる方法によって計算した相対位相の値が異なることがある．

以上のようなアプローチは，対戦型スポーツにおける選手同士の相互作用の研究にも応用されており，これまでにテニス，スカッシュ，バスケットボール，サッカー，剣道などを対象とした先行研究がある [59, 60, 61, 62, 63, 64, 65, 66, 67]．たとえば，Palut らはテニスにおける 2 選手の横方向の動きから相対位相を定義し，同相，逆相のパターンが現れることを報告している．Bourbousson らは，バスケットボールにおいて，選手同士のペアに対する x, y 方向（ゴールを結ぶ方向とそれに垂直な方向）の相対位相を調べ，特に，x 方向において強い同相パターンが見られることを報告している [62]．また，y 方向については相手選手とのペアでは同相パターン，同チーム内の選手については逆相パターンが現れ，さらにその強さがポジションごとに異なると述べている．サッカーやフットサルでも同相パターンが見られるが，方向によってバスケットボールとは異なる傾向が報告されている [63, 64, 67]．

こうした解析は，重心位置や慣性半径などを用いることでチーム間の協調行動の特徴付けにも応用されているが，いまのところ同相，逆相パターンに関する定性的な議論が中心を占めている．対戦型スポーツにおける選手間の協調行動の背後には球技で見られる相手選手へのマーキング，格闘技における攻防の切り換えなどさまざまな駆け引きが存在し，同

---

*14 時系列の変換方法はこれまでにいくつか提案されている．代表的なものは

$$X(t) = \frac{x(t)}{\max(|x(t)|)},$$

または

$$X(t) = 2\left[\frac{x(t) - \min(x)}{\max(x) - \min(x)}\right] - 1$$

とする方法である [58]．

期パターンだけでなくそこで生じる揺らぎの性質なども解明すべき課題である．

2.6 本節のまとめ

対戦型スポーツでは，種目ごとに定められた固有のルールの下で意思を持った選手同士が勝敗を競う．そこでは何らかの不確定性を伴う独特な動きが階層的に現れるため，統計物理学の視点が有効である．そうした動きによって生み出されるさまざまな統計的性質は，自然現象が示す法則ほど精緻で普遍的なものではないかもしれない．しかしそれらは，ルールという制約の下で駆け引きを繰り返した結果生まれる，いわば選手が従わざるを得ない法則である．対戦型スポーツが生み出す多様な動きや現象からそうした法則性を抽出し，そのメカニズムを明らかにすることにより，対戦型スポーツの研究に対する指針を与え，スポーツ科学や統計物理学の分野に新たな視点をもたらすことが期待される．

これまでに，統計物理学を背景とする対戦型スポーツの研究は，さまざまな階層で現れる個別の現象を対象に進められてきた．特に，リーグ戦，トーナメント戦の勝敗や得点変動といったマクロなスケールのダイナミクスは，実データを用いた解析および確率過程に基づく数理モデリングの両面から比較的詳細な議論が行われている．一方で，選手間相互作用や集団運動など，よりミクロなスケールのダイナミクスについては，新たな解析手法の提案や個別の種目の解析が試みられている段階であり統一的な結果は得られていない．

次節では，対戦型スポーツの典型例としてサッカーに着目し，選手間相互作用や集団運動などの解析で得られた結果を紹介する．

3 サッカーを例として

対戦型集団スポーツは，有限のフィールドで特定の時間内に，構成要素である選手が二つの部分系に分かれて競合している系と考えられる．選手はルールに従って，環境の影響や対戦相手の予期せぬ動きなどの不確定な要因を伴いながら，ある目的を実現しようと運動する．そして，世界中さまざまな場所で異なる構成要素によって，この系が多数実現していると考えれば，対戦型集団スポーツから試合やチームの詳細に依らな

い再現性ある共通の構造が抽出できるかもしれない．ここでは，対戦型スポーツの典型例としてサッカーに着目し，統計物理学の視点による考察結果を紹介する．

3.1 トラッキングデータ

以下では，サッカーの試合から得られるトラッキングデータを解析の対象とする．トラッキングデータとは，試合中の選手とボールの動きを追跡して得られた，それぞれの位置および状態のデータを指している．解析対象とするのは，J1 リーグで行われた 2015 年シーズンの 2 試合および 2016 年シーズンの 9 試合である．いま，全選手は試合を行っている 2 チームのどちらか一方に属しており，この 2 チームをホーム (H)，アウェイ (A) として区別することにする．すると，各選手は，チーム $T = (H$ or $A)$ に属する j 番目選手という表現 (T, j) により一意的に特定することができる．このようなラベル付けを利用すると，図 1 のようなサッカーフィールドに対する座標系で，各選手の位置ベクトルは $r_j^T(t) = [x_j^T(t), y_j^T(t)]$ と表される．一方，ボールの運動については，各時刻におけるボールの位置座標 $b(t) = [b_x(t), b_y(t)]$ のほかに，ボールの状態，つまりボールがどの選手に保持されているかという情報も考慮する[*15]．

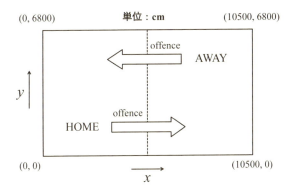

図 1 解析で用いる座標系．

[*15] 本解析では，試合前半・後半での攻撃方向の入れ替わりにかかわらず，ホームチームとアウェイチームの攻撃方向がそれぞれ x 軸正方向，負方向となるようにデータを変換した．

3.2 サッカーに対する階層的な見方

サッカーのような対戦型集団スポーツでは,試合の流れ(時間的推移)について,以下のような階層的な見方ができる.まず,それぞれの時刻での各選手の運動に着目する場合を最も短い時間スケール(ミクロ)とする.このとき,トラッキングデータはミクロなデータの集まりと考えることができる.次に,一試合全体,あるいは試合を単位とする時間スケールでの特徴に着目する場合を最も長い時間スケール(マクロ)とする.マクロの階層では,各選手の速さ分布といったミクロな情報の統計的性質や試合の勝敗が議論の的になる.また,ミクロとマクロとの中間にある時間スケール(メゾ)では,試合で攻守が切り換わるまでの一連の流れや,得点やシュートにつながるプレーなど,試合のさまざまな局面をダイナミクスとして切り出すことができる.このような階層的な見方は,選手の空間的配置に対しても同様に導入することができる.つまり,個々の選手に着目すれば「1体問題」,2選手間のパスや相互作用などに着目すれば「2体問題」,フォーメーションなどチーム全体の特徴を議論する場合は「多体問題」となる.

実際にサッカーに対してこの階層性な見方を適用してみる.まず,試合の時間的推移について,ミクロな時間スケールでの試合の状態は,各時刻における選手・ボールの位置,ボールの保持状態によって表される.ボールの保持状態は,どちらか一方のチームが保持しているか,どちらのチームも保持していないかのいずれかである.いま,保持チームが変わらない連続した時間帯を「シーン(scene)」と呼ぶことにする.すると,試合が再開し中断するまでの時間帯は複数のシーンで構成され,この一連の時間帯を「シークエンス(sequence)」と呼ぶことにする.シーンやシークエンスはメゾスケールに相当し,マクロスケールである試合全体は複数のシークエンスで構成される.このような階層性を考えれば,時間として各時刻・シーン(およびシークエンス)・試合全体,チームの構成要素として1体・2体・多体というそれぞれ3つの階層が存在し(図2参照),図3のような3×3=9つのカテゴリーを設定することができる.この図に基づいて,ミクロの階層で1体・2体・多体系としての特徴量を定義する.そして,メゾの階層ではこれら特徴量のダイナミクスに,マクロの階層ではこれらの統計的性質に着目する.

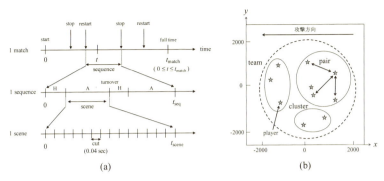

図 2 (a) 時間に関する粗視化の模式図. (b) 空間に関する粗視化の模式図.

	Player 個人・1選手	Pair (cluster) 2体 (N体) 関係	Team チーム全体
Cut 単位時間	トラッキングデータ (各選手の位置) → 速度・加速度 ボールタッチデータ (ボール位置・保持選手)	【状態量の定義】 選手間距離 速度ベクトルの成す角 最終ライン・フロントライン	【状態量の定義】 重心・慣性半径 秩序変数 ボロノイ領域・ドロネーネットワーク
Scene 同一チームが 保持している時間 Sequence 試合再開から 中断までの時間	選手の軌跡 位置と速度の関係 (相空間の軌道)	フォーメーション内での運動 無秩序状態・秩序状態の遷移	重心・慣性半径・秩序変数の時間変化 フォーメーションの時間変化 ・ドロネーネットワーク ・ネットワークの動的性質
Match 試合全体の時間	走行距離・スプリント回数 滞在領域のヒートマップ 平均二乗変位 速度分布・加速度分布	相手選手との相互作用 ・第 k 近接選手との関係 ・角度のばらつき ・角度分布 ・選手同士の接近	重心と慣性半径の関係図 秩序変数と速さ平均の関係図 パス回しネットワーク

図 3 時間と構成要素によるサッカーの分類. 各カテゴリーごとに着目する特徴量や解析方法が異なる.

3.3 特徴量の定義

トラッキングデータより,選手 (T, j) の位置ベクトルを

$$\boldsymbol{r}_j^T(t) = \left[x_j^T(t), y_j^T(t) \right]$$

と表す.また,トラッキングデータの取得時間間隔を Δt で表すこととする.この $\boldsymbol{r}_j^T(t)$ に基づいて定義される特徴量として,以下のようなものが考えられる.

1体の特徴量（位置・速度・平均二乗変位）

選手 (T, j) に関する特徴量（たとえば，位置ベクトル，速度ベクトル）は一般に Z_j^T という形式で表される．実際，特徴量として，選手 (T, j) 速度ベクトル $\boldsymbol{v}_j^T(t)$ は，以下のように $\boldsymbol{r}_j^T(t)$ を用いて定義することができる：

$$\boldsymbol{v}_j^T(t) = \left[v_{xj}^T(t), v_{yj}^T(t)\right] = \frac{\boldsymbol{r}_j^T(t+n\Delta t) - \boldsymbol{r}_j^T(t)}{n\Delta t}.$$

時刻 t に位置 $\boldsymbol{r}(t)$ にいた選手が Δt の後に位置 $\boldsymbol{r}(t+\Delta t)$ に移動したとする．このとき，時間幅 Δt における移動距離の二乗 $|\boldsymbol{r}(t+\Delta t) - \boldsymbol{r}(t)|^2$ を平均した量を「平均二乗変位」と呼ぶ．通常，この量はアンサンブル平均として定義されるが，実データの解析においては長時間平均がよく用いられる．長時間平均の意味での平均二乗変位は時系列の長さを T_s として

$$\langle |\Delta \boldsymbol{r}|^2 \rangle_{\Delta t} = \frac{1}{T_s - \Delta t} \sum_{t'=0}^{T_s - \Delta t} |\boldsymbol{r}(t' + \Delta t) - \boldsymbol{r}(t')|^2$$

で与えられる．

2体の特徴量（相対ベクトル・速度のなす角）

選手 (T, j) から (S, k) に向かう相対ベクトルおよび選手間距離を

$$\boldsymbol{r}_{jk}^{TS} = \boldsymbol{r}_k^S(t) - \boldsymbol{r}_j^T(t),$$

$$|\boldsymbol{r}_{jk}^{TS}| = \sqrt{(x_k^S - x_j^T)^2 + (y_k^S - y_j^T)^2}$$

と定義する．また，(T, j) と (S, k) の移動方向の揃い具合を表す量として，2 選手の速度ベクトルの成す角 $\theta_{jk}^{TS}(t)$ を用いる（図 4）．

なお，角度データの統計的性質は，一般に，直線上のデータとは異なる統計量によって特徴付けられる．以下の解析では，角度 $\theta_{jk}^{TS}(t)$ のばらつきを表す量として円周上の分散 V_θ，角度分布の評価には円周上の確率分布を用いる [68]．

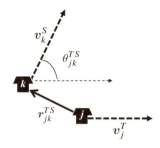

図 4 2 選手の速度ベクトルの成す角の定義.

チーム全体の特徴量（重心・慣性半径・秩序変数）

N 人で構成されるチームについて，チームの重心を

$$\boldsymbol{R}^T(t) = \frac{1}{N} \sum_{j=1}^{N} \boldsymbol{r}_j^T(t) = [X^T(t), Y^T(t)]$$

と定義する．また，重心からの広がりを表す慣性半径を

$$\sigma_x^T(t) = \sqrt{\frac{1}{N} \sum_{j=1}^{N} \left[x_j^T(t) - X^T(t)\right]^2} \quad (x \text{ 方向}),$$

$$\sigma_y^T(t) = \sqrt{\frac{1}{N} \sum_{j=1}^{N} \left[y_j^T(t) - Y^T(t)\right]^2} \quad (y \text{ 方向}),$$

$$\sigma^T(t) = \sqrt{[\sigma_x^T(t)]^2 + [\sigma_y^T(t)]^2}$$

と定義する．チーム全体で各選手の移動方向がどの程度揃っているかを表すために，時刻 t におけるチーム T の秩序変数 $\phi^T(t)$ を用いる．ここで，$\phi^T(t)$ は

$$\phi^T(t) = \left| \frac{1}{N} \sum_{j=1}^{N} \frac{\boldsymbol{v}_j^T(t)}{|\boldsymbol{v}_j^T(t)|} \right|$$

と定義される．また，2 チームの秩序変数の平均値を $\phi(t) = [\phi^H(t) + \phi^A(t)]/2$ と定義する．$\phi(t)$ の定義域は $0 \leq \phi(t) \leq 1$ であり，各選手の向きが揃っているほど 1 に近く，ばらばらなほど 0 に近い値を取る（図

5). 最後に，時刻 t におけるチーム T の速さ平均を次で定義する：

$$\langle v \rangle^T(t) = \frac{1}{N} \sum_{j=1}^{N} |\boldsymbol{v}_j^T(t)|.$$

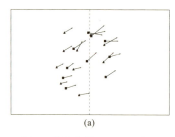
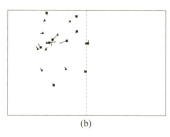

図 5　秩序変数 $\phi(t)$ の具体例．(a) $\phi(t) = 0.96$，(b) $\phi(t) = 0.2$．

3.4　1 体の統計的性質

選手の速さ分布

図 6(a) にあるチームの，チーム全体での速さ分布を示す．チーム全体で平均すると，共通して $v \simeq 100$ cm/s，300 cm/s 付近に二つのピークが現れるのが特徴であり，この傾向は全チームに共通して見られることを確認している．それぞれのピークは歩行と走行に対応するものと考えられる．

平均二乗変位

単純ランダムウォークの場合，平均二乗変位と時間の間には

$$\langle |\Delta \boldsymbol{r}|^2 \rangle_{\Delta t} \sim (\Delta t)^\beta$$

という関係が成り立ち，$\beta = 1$ となることが知られている．一方で，軌道が直線的な場合は $\beta = 2$ となる．

図 6(b) は各シークエンスごとの平均二乗変位をあるチームについて求めた結果である．ただし，それぞれの線は選手ごとの平均二乗変位を（キーパーを除く）全選手について平均して得られたものである．いずれも $\Delta t \simeq 10$ s まで $\beta = 2$ を示し，その後傾きが緩やかになることがわかる．これは，各選手が10秒程度の間直線的に移動した後，向きを変えることを意味する．この傾向は全チームに共通して見られる．向きを変え

るまでの典型的な時間（平均自由時間）は，パス回しやドリブルによるボールの移動，試合の中断などを反映したものであると考えられる．同様の結果は，Kijima らによるフロントラインおよびボールの位置変動の解析によって得られている．実際，Kijima らの結果では，これらの量の時間相関関数 $C(\tau)$ が $\tau \simeq 10$ s 付近までべき的な傾向を示し，10 秒程度持続性を持った運動を行っていることが確認されている [54].

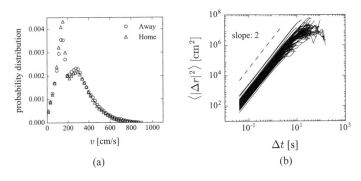

図 6 (a) チーム全体での選手の速さ分布（選手の区別なし）．どのチームも $v \simeq 100$ cm/s, 300 cm/s 付近にピークを持つ．(b) 平均二乗変位．$\Delta t \simeq 10$ s 程度直線的な軌道で移動し，それ以降向きを変えている．

3.5　2 体の統計的性質

相手選手との相互作用

サッカーでは，相手選手に対するマーキングが戦術上重要な役割を担う．本節ではマーキングにおいて選手同士が移動する向きを揃える様子に着目する．第 1 章で述べたとおり，対戦型スポーツにおける 2 選手あるいは 2 チームの協調行動の解析は主に相対位相に基づく特徴付けが試みられている．しかし，現在までの研究は同相，逆相パターンに関する定性的な議論に留まり，十分に定量的な議論が成されているとは言えない．また，相対位相に関しては次のような問題点が存在する．第一に，相対位相は一つの時系列に対して定義されるため，2 次元平面上で選手が運動する場合には x, y 方向それぞれに対し相対位相を求めなければならない．第二に，得られる相対位相の値は計算方法（ヒルベルト変換による方法，規格化の違い）に依存する．

そこで，本節では 2 選手のペアに対して速度ベクトルの成す角 θ（以

下単に角度 θ と呼ぶ）を求め，その統計的性質を調べる．この方法は選手同士の位置相関に関する情報が失われるものの，移動方向の揃い具合を一つの変数 θ によって表すことができるという利点がある．

解析にあたり，ある選手から見て k 番目に近い相手選手を「第 k 近接選手」と定義し，各時刻においてすべての k とのペアについて角度 θ を求めた．以下では，$\phi \leq \phi(t) \leq \phi + \Delta\phi$ または $r \leq r_{jk}(t) \leq r + \Delta r$ を満たす角度データ $\{\theta_{jk}(t)\}$ に対し，角度のばらつき V_θ および角度分布 $f(\theta)$ の性質を紹介する．

第 k 近接選手との相互作用

図 7 はある試合における V_θ と ϕ の関係を各 k に対してプロットした図である[*16]．この図において，V_θ が小さいほど相手選手との移動方向が揃っていることを意味する．まず，$\phi \to 1$ の領域では，k の値によらず V_θ が小さい値をとる．これは，秩序変数の定義から明らかである．一方で，ϕ が小さい領域では，$k = 1$ に対するプロットだけ $k \geq 2$ に比べて相対的に小さい V_θ を保つ．これは，集団での秩序がなくなった状態では，主に最近接の相手選手（$k = 1$）と移動方向を揃えていることを意味する．

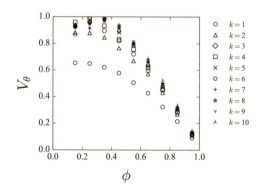

図 7 角度のばらつき V_θ と ϕ の関係．ϕ が小さい領域では最近接選手と向きを揃えている．

次に最近接の相手選手とのペア（$k = 1$）に着目する．図 8(a) は，最

[*16] θ の平均値は k の値に依らずゼロになることを確認した．

近接選手との角度分布を秩序変数別に表したものである．得られた角度分布の解析にあたり，まずは円周上の確率分布としてよく知られた von Mises 分布 $\mathrm{VM}(\theta,\kappa)$ および wrapped Cauchy 分布 $\mathrm{WC}(\theta,\rho)$ を導入する．それぞれの確率密度関数は以下で与えられる：

$$\mathrm{VM}(\theta,\kappa) = \frac{1}{2\pi I_0(\kappa)} e^{\kappa \cos\theta},$$

$$\mathrm{WC}(\theta,\rho) = \frac{1}{2\pi} \frac{1-\rho^2}{1+\rho^2-2\rho\cos\theta}.$$

ここで，$I_0(\kappa)$ は 0 次の第一種変形ベッセル関数である．なお，いずれの分布もランダムウォークに関連して導かれることが知られている [68]．WC 分布は VM 分布に比べて鋭いピークと広いテールを持ち，アリなどの生物の動きをシミュレーションする際に移動方向を決める目的でよく用いられる [69, 70, 71, 72, 73]．

これらの混合分布

$$\mathrm{MVW}(\theta,\kappa,\rho) = c\mathrm{VM}(\theta,\kappa) + (1-c)\mathrm{WC}(\theta,\rho).$$

を用いて，トラッキングデータより得られた角度分布のフィッティングを行った結果が図 8 中の実線で表されており，実データとよく一致することが確認できる．ここで，パラメータ c は二つの分布の混合比を表し，$0 \leq c \leq 1$ を満たす．また，混合比 c を ϕ に対してプロットすると，図 8(b) が得られる．この図から，ϕ が小さいときには $c \simeq 0$ となり，wrapped Cauchy 分布によるフィッティングが良く，一方で，$\phi \simeq 0.7$ 付近において c の値が急激に増加し，$\phi > 0.7$ の領域では von Mises 分布に接近することがわかる．

こうした秩序変数の値に伴う分布の変化は，定性的には次のように説明できる．まず，サッカーにおいて秩序変数が増加するのは，ロングパスやドリブルをきっかけに全選手がボールを追跡するような状況である．これは，分布の変化がボールの追跡効果を反映したものであることを示唆する．特に，秩序変数が大きくなるほどボールの追跡効果が顕著になると考えられる．このことから，無秩序状態（$\phi < 0.7$）では最近接選手との相互作用が支配的であり，秩序状態（$\phi > 0.7$）ではボールの追跡効果が支配的であると推察できる．

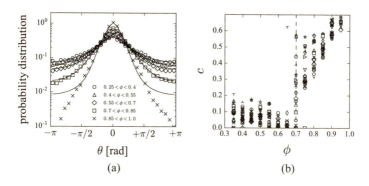

図8 (a) 最近接の相手選手との角度分布（秩序変数別）．いずれも MVW 分布でよくフィットされる．(b) 混合比 c と秩序変数の関係（全チーム）．$\phi \simeq 0.7$ 付近で c の値が急激に大きくなる．

選手間距離による相互作用の変化

以上の結果から，サッカーでは最近接の相手選手と強く相互作用していることがわかる．これは，サッカーにおけるマーキングの観点からも自然な結果である．そこで，次により詳しい解析として，相手選手との距離に応じた相互作用の変化に着目する．

まず，無秩序状態（$\phi < 0.7$），秩序状態（$\phi > 0.7$）における角度のばらつき V_θ と選手間距離 r の関係を図9(a) に示す．この図から，$r \simeq 500$ cm を境に V_θ の値が急激に減少することが確認できる．これは，特定の距離内の相手選手と強く相互作用していることを示す結果である．言い換えれば，各選手の周りに特徴的な相互作用距離が存在することが推測される．この傾向は無秩序状態において特に顕著であり，秩序状態では V_θ の距離依存性がほとんど見られない．これは秩序状態の定義から自明な結果である．

次に，第 k 近接選手との距離分布を図9(b) に示す．図9(a) で確認された $r \simeq 500$ cm という値に着目すると，最近接選手（$k = 1$）だけ，$r \lesssim 500$ cm にピーク位置が存在する．これは，図9(a) の $r \lesssim 500$ cm を構成するデータ点のほとんどが $k = 1$ とのペアであることを意味し，このことからも最近接選手と強く相互作用していることが確認できる．また，最近接選手との距離分布はガンマ分布に従うことも確認された（図9中の実線）．一般に，ある領域内にランダムに点を配置したとき（ポア

ソン配置),最近接点との距離分布はレイリー分布になることが知られている [74]. ガンマ分布はレイリー分布と同様ピークを有する非対称な分布であるが,テールの減衰の仕方が異なる. ガンマ分布が現れるメカニズムは定かではないが,サッカーにおけるマーキングの特性を反映したものであると考えられる.

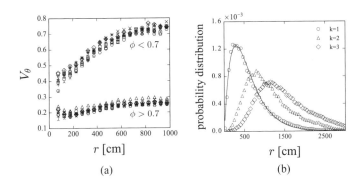

図 9 (a) 角度のばらつき V_θ と選手間距離 r の関係 (全チーム). (b) 第 k 近接選手との距離分布. 実線はガンマ分布によるフィッティング結果.

3.6 多体の統計的性質

(1 体の性質からここに移動) 重心と慣性半径

まず,各チームの重心位置と慣性半径に着目する. 図 10 はある試合中のシークエンスについて,2 チームの慣性半径の差 $\Delta\sigma \equiv \sigma_A - \sigma_H$ と重心中点の x 座標 $\bar{X} \equiv (X^A + X^H)/2$ の時系列を重ねて表示したものである. この図において,二つの時系列には逆の変動傾向が見られる. すなわち,慣性半径の差と重心中点の x 座標の値の間に負の相関が存在することが示唆される. これは,たとえば,ホームチーム (H) が攻めている状態 ($\bar{X} > 5250$) では慣性半径の差が負 ($\Delta\sigma < 0$) となることを意味する. 特に,この変動傾向は図中の点線,すなわちボール保持チームの交代が起きた時間に対応して逆転している. こうした傾向の存在は,これまでにもサッカー [35], およびバスケットボール [36] において確認されている.

以上を踏まえ,ある試合について,$\Delta\sigma$ と $\bar{X}$ の値をそれぞれ縦軸と横軸にとった関係図を図 11 に示す. 図の横軸を 5250 cm を境に左右に分

けると，左側の領域はアウェイが攻めている状態，右側の領域はホームが攻めている状態に対応する．また，図の縦軸を 0 cm を境に上下に分けると，上側の領域はアウェイの慣性半径の方が大きい状態，下側はホームの慣性半径の方が大きい状態に対応する．得られた関係図は確かに負の相関を示していることから，攻撃側の方が守備側よりも慣性半径が大きくなることがわかる．このような傾向はすべてのチームで共通に見られることを確認している．

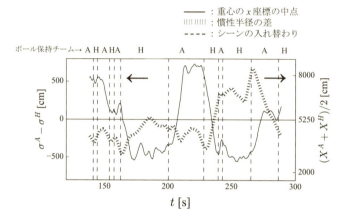

図 10　あるシークエンスにおける，2 チームの慣性半径の差と重心中点の x 座標の時系列．

秩序変数と速さ平均

次に，各チームの集団としての速度の性質を特徴付けるため，秩序変数 $\phi(t)$ と速さ平均 $\langle v \rangle^T(t)$ に着目する．図 12 にこれらの関係図を示す．得られた関係図の特徴は，$\phi(t)$ が小さく $\langle v \rangle^T(t)$ が大きい状態（図の左上）の出現頻度がゼロとなっている点である．これは，各選手がばらばらな方向に大きな速さで移動するような状態が出現し得ないことを意味している．言い換えれば，慣性半径が急激に大きくなるようなことはサッカーにおいて起こり得ない．特に，$\langle v \rangle^T(t) \simeq 300$ cm/s のところに境界があるように見える．一方，秩序変数が大きい領域では速さ平均が大きい値をとる傾向がある．この領域は，ロングパスやドリブルなどをきっかけに，全選手がボールを追跡している状態に対応すると考えられる．

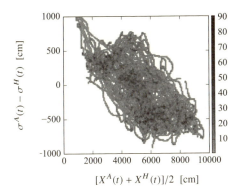

図 11 2 チームの慣性半径の差と重心中点の x 座標の関係．グレースケールは各状態の出現頻度に対応する．いずれも攻撃側の慣性半径が大きくなる傾向がある．

以上の傾向は全チームに共通して見られる．

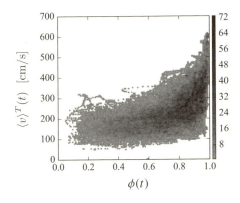

図 12 秩序変数と速さ平均の関係．グレースケールは各状態の出現頻度に対応する．

ドロネーネットワークを用いたフォーメーションの定義

　サッカーを始めとする集団球技では，選手同士の連携が戦術上重要な意味を持ち，試合中さまざまなフォーメーションが形成される．フォーメーションには安定な配置が存在すると考えられる一方，周囲の選手との相互作用やパス回しによる揺らぎによりその内部構造は乱される．こうしたフォーメーション形成は，パスの成否など，チームとしての機能を考

える上でも重要であると考えられる．第1章でまとめたとおり，フォーメーションとは選手同士の相対的な位置関係を表したものである．これまでに，Role representation により，ポジションの変動を特徴付ける試みが行われている [38, 41, 39, 37, 40]．また，Bialkowski らは重心系におけるヒートマップを基にしてフォーメーションを検出する手法を提案している [37]．この手法はフォーメーションを定量的に捉える上で有用ではあるが，一方で，ある時間間隔での平均位置を基にした手法であるため，フォーメーションの数秒単位での時間変化や異なる時刻間のフォーメーションを比較するのが難しいという難点がある．ここでは，ドロネーネットワークを用いた新たなフォーメーションの解析手法について紹介する．

あるチームのフォーメーションを特徴付けるためには，選手同士の相対的な位置関係を定量化する必要がある．2次元平面においてこれを実行するには，各選手にある領域を割り当てた上で，その領域の隣接関係によって相対位置を決めればよい．ここでは，そのような支配領域の自然な定義として，各選手をノードとしたボロノイ領域を用いる．これにより，ボロノイ領域の隣接関係はドロネー分割によって与えられる．特に，ドロネー分割は，各選手をノードとするネットワークと見なすことができるので，以下では「ドロネーネットワーク」と呼ぶことにする．ドロネーネットワークは，ノード間に枝が存在する場合に 1，存在しない場合に 0 を割り当てることにより，隣接行列 $\boldsymbol{A}$ によって明確に定義される．なお，フィールドには境界が存在するため，各ボロノイ線と境界との交点を新たなボロノイ点とすることによって境界の影響を考慮する．

このようにフォーメーションを隣接行列によって定義することの利点は，フォーメーションの時間変化や異なる時刻間での定量的な比較が可能になる点である．実際，異なる時刻 t, t' における隣接行列を $\boldsymbol{A}(t)$, $\boldsymbol{A}(t')$ とすれば，それらの非類似度 $D_{tt'}$ は次のような量で測ることができる：

$$D_{tt'} = \sum_{i=1}^{N}\sum_{j=1}^{N}[A_{ij}(t) - A_{ij}(t')]^2.$$

また，図13に示したのは $D_{tt'} = 0$ となるような二つの時刻のフォーメーションであるが，$D_{tt'} = 0$ であることを反映して，各選手の相対的な位置関係はまったく同じであることが確認できる．なお，このときのチー

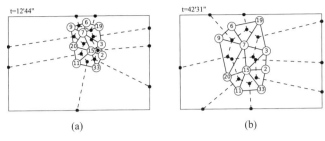

図 13 $D_{tt'} = 0$ となる二つのフォーメーションの比較例.

ムの広がり（慣性半径）は二つの時刻でまったく異なることから，本手法は各チームの慣性半径に依らず，選手同士の相対的な位置関係だけを抽出できることがわかる．

次に，本手法を応用し，次の手順で階層的クラスタリングによるフォーメーションの分類を行う．

1. 数秒ごとにドロネーネットワークを求める．
2. 非類似度行列 $\boldsymbol{D}$ を用いて階層的クラスタリングを行う．
3. デンドログラムを高さ h_c でカットし，N_c 個のクラスターを抽出する．
4. クラスター内の全ドロネーネットワークを重心系に変換し，慣性半径で規格化する．そして，各選手の平均位置からの標準偏差によっておおまかなポジションを可視化する．

手順の詳細を以下に示す．まず，ステップ1で数秒ごとにドロネーネットワークを求める．ただし，ここでは選手交代の影響を取り除くため，前半だけのデータを用いた．次に，ステップ2では非類似度行列 $\boldsymbol{D}$ を用いて階層的クラスタリングを行う．ここでは，実用的な方法として知られる Ward 法を用いることにする．クラスタリングを行うと，図 14(a) のようなデンドログラムが得られる．ステップ3では得られたデンドログラムをある高さ h_c でカットすることにより，N_c 個のクラスターを抽出する．なお，h_c を決める際には，図 14(b) のようにクラスター数に対してクラスターの併合距離が急激に増加し始める点を採用する（エルボー法）．このようにして得られた N_c 個のクラスター内にはさまざまな時刻のドロネーネットワークが含まれているが，これらは互いに類似した

フォーメーションを表す．そこで，ステップ4では，まずクラスター内のすべてのドロネーネットワークを慣性半径で規格化した上で重心系に変換する．さらに，各選手の平均位置からの標準偏差を x, y 方向に分けて求め，楕円によっておおまかなポジションを可視化する．このようにして得られたのが図14(c) である．ここではサイズの大きい上位3クラスターまでを示しており，試合中に頻繁に現れるフォーメーションを可視化した図となっている．この図において，各クラスター（フォーメーション）の違いは主に中央に位置する2選手の位置の入れ替わりに対応していることが確認できる．

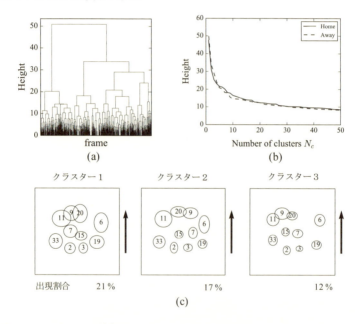

図14 G1-アウェイ前半データのクラスタリング結果．(a) デンドログラム, (b) クラスター併合距離とクラスター数の関係．この場合，$h_c \simeq 15$ を採用する．(c) サイズの大きい上位3クラスター（矢印は攻撃方向，番号は各選手の背番号を表す）．

より詳細な場合として，攻撃時と守備時に分けてクラスタリングを行った場合の例を示す．（アウェイの場合，$[X^A(t) + X^H(t)]/2 > 7000$ cm を守備，$[X^A(t) + X^H(t)]/2 < 3500$ cm を攻撃と定義した．）各局面で得られたフォーメーション（図15）は，特徴的なパターンを示している．まず，守備時には4バックで最終ラインを形成し，おおよそ4-4-2とい

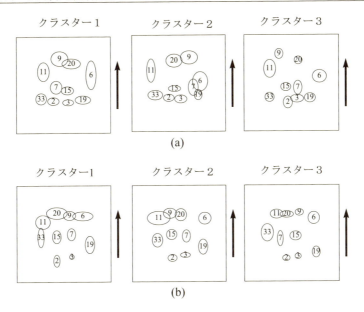

図 15 G1–アウェイの前半データを，(a) 守備時と (b) 攻撃時に分けてクラスタリングした結果．

うフォーメーションが現れている．一方，攻撃時には4トップでフロントラインを形成し，おおよそ2-4-4というフォーメーションが現れている．このように，本手法は局面ごとの特徴的なフォーメーションを抽出するのにも有用である．

以上のように，ドロネーネットワークを用いることにより，フォーメーションを定量的に特徴付けることができる．特に，本手法の特徴は，各時刻におけるフォーメーションを隣接行列によって明確に定義できる点である．これにより，これまでに難しかったフォーメーションの時間発展や定量的な比較が可能となった．本研究では，階層的クラスタリングによるフォーメーションの分類を行うに留まったが，今後本手法を用いたさまざまな解析が可能になると考えられる．

3.7 選手の位置を考慮したパス回しネットワーク

対戦型スポーツでは，ミクロなスケールでの相互作用が積み重なることによって，得点変動などのマクロな諸性質が現れる．特に，球技において選手同士の相互作用やチーム全体の集団運動を生み出すのはパス回

しである.本節ではまず,パス回しを空間上に離散的に配置したノード間でのボールの遷移と捉え,そこからネットワークを構成する.これを選手の位置を考慮したパス回しネットワークと呼ぶ.次に,このネットワークを生成する数理モデルを構築し,試合全体のマクロなスケールで現れる統計的性質として次数分布を導出する.最後に,実際のデータからネットワークを作成し,次数分布を数理モデルの結果と比較する.

ネットワークの定義

11人の選手を含む2つのチーム A, B を考える.ネットワークに選手の位置情報を付与するため,次のようにノードを定義する.まず,フィールドを (横 2Δ) × (縦 Δ) = $2\Delta^2$ 個のエリアに分割する.各エリアは同じサイズを持ち,適当な通し番号によって区別する.その上で,図16のように,選手番号とエリア番号の組合せによって1つのノードを定義する[*17].たとえば,エリア α にいる選手 u は (u, α) というノードを対応させる.これにより,各エリアには22個のノードが定義され,各チームのノード数は $N_A = N_B = 11 \times 2\Delta^2$ となる.

エッジの定義は通常のパス回しネットワークと同様である.すなわち,特定のノード間でボール遷移があった場合に有向エッジを張る.ただし,エッジを張る対象は同チーム内でのボール遷移(成功したパス)のみとし,同じノード間で複数のパスが通った場合には重みとして考慮する.これにより,考えるネットワークは重み付き有向グラフとなる.また,簡単のためドリブルは考慮しない[*18].なお,同じ選手が異なる位置でパスを受けた(あるいは出した)場合には別のノードにエッジが張られることに注意する.

このネットワークは,ノード数がフィールドの分割 Δ に依存して決まり,エッジ数は同じチーム内で行われたパス回数に等しい.ネットワークの特徴付けには複雑ネットワーク解析で用いられる統計量が適用できるが,ここでは特に,ノード j が持つエッジの重みの和(次数)k_j に着目する.これは,ある選手が特定の位置でパスを受けた回数とパスを出した回数の和に相当する量である.たとえば,図16のノード "159" については,$k_{159} = 2$ となる.

[*17]類似の方法は Cotta らによって提案されている [48].
[*18]これにより,自己ループは存在しない.

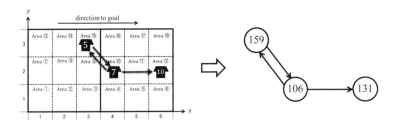

図 16 選手の位置を考慮したパス回しネットワークの作成例．まず，左図の三つのエリアに位置する 3 選手，$(5, 15)$, $(7, 10)$, $(10, 12)$ から三つのノード "159", "106", "131" を定義する．ノード番号は選手とエリアの情報から定まる．パスが通ったノードの間に有向エッジを張ることで右図のようなネットワークが得られる．

マルコフ連鎖モデルの定義

次に，選手の位置を考慮したパス回しネットワークを基に，パス回しをノード間でのマルコフ連鎖と見なした数理モデル（マルコフ連鎖モデル）を構築する．マルコフ連鎖モデルでは，ボールをランダムウォーカーとし，ノード間の遷移確率は現在の情報だけで決まると仮定する．この仮定は，広大なフィールドで激しい攻防が行われ，結果的にボールがランダムな動きを示すサッカーなどの種目において妥当な近似であると考えられる（つまり，マルコフ過程として扱っても得られる統計的性質は大きく変わらない）．実際，Kijima らによると，サッカーの試合では，攻める方向やパスが行われた位置に依らずボールの速度の x 成分が対称に分布し，数秒単位での激しい位置変動が繰り返されている [54]．これは，サッカーにおいて選手同士の激しい攻防に起因するランダムな揺らぎの効果が支配的であることを意味する．また，得点変動やボール保持時間の統計的性質がポアソン過程を基にした確率過程モデルで説明できることもわかっている [53, 22]．

ランダムウォーカー（ボール）は時刻 $t = 0$ に任意のノードを出発し，その後，ノード i, j 間に定義された遷移確率 $P_{i \to j}$ に従ってノード間を遷移する．遷移確率 $P_{i \to j}$ の与え方には任意性があり，複雑な定義にするほどより現実的なパス回しを表現することができる．しかし，ここでは単純化のため，パスの受け手に対応するノードの存在確率 R という量

を導入し，これに比例した確率を考える：

$$P_{a'\to a} \sim \eta_A R_A(L_a), \quad P_{a'\to b} \sim (1-\eta_A) R_B(L_b),$$

$$P_{b'\to b} \sim \eta_B R_B(L_b), \quad P_{b'\to a} \sim (1-\eta_B) R_A(L_a).$$

ここで，η_A，η_B は同じチーム内のノードにパスが渡る確率，$1-\eta_A$，$1-\eta_B$ は相手ノードへのパス確率を意味する．また，存在確率 $R(L)$ の意味は次のとおりである．まず，各選手に対してフィールド上の一つのエリアをその選手固有のホームポジションとして割り当てる．すると，選手 u から定まる $2\Delta^2$ 個のノードにはホームポジションからの距離が一つ定まり，これを L と表す．たとえば，選手 u にエリア α_h をホームポジションとして割り当てたとすると，任意のノード $j=(u,\alpha)$ に対して定まる L_j はエリア α と α_h の間の距離である．$R(L)$ の具体的な関数形については，各選手がホームポジションから離れた位置に存在しにくいと考えられることから，L の単調減少関数と仮定し，

$$R(L) = \exp\left[-(L/\beta)^{\frac{2}{m}}\right]$$

と定義する．この関数は，$m=1$ の場合にはガウシアン，$m=2$ の場合には指数関数となり，単調減少関数の汎用的な形となっている．

なお，L は各ノードに対して一つ割り当てられる量であり，ネットワーク科学では「適応度」と呼ばれることがある．特に，各ノードの適応度に応じてエッジを張る確率が決まるようなモデルは「適応度モデル」として知られており [75, 76]，マルコフ連鎖モデルもその一種と見なすことができる．

マルコフ連鎖モデルにおける次数分布

選手の位置を考慮したパス回しネットワークにおける次数は，ある選手が特定の位置でパスを受けた回数とパスを出した回数の和を意味する．そのため，次数分布はパス回しの空間的な不均一性を測る統計量である．また，実際の試合データから実測できることから，モデルの妥当性を検証する意味でも重要である．

マルコフ連鎖モデルにおける次数の確率密度関数 $f_A(k)$ は適応度モデ

ルの計算法を援用することで

$$f_A(k) = \int_0^{u_{\max}} \binom{2T}{k}[u]^k[1-u]^{2T-k}\frac{m}{\mu}\left(\frac{\log(u_{\max}/u)}{\mu}\right)^{m-1} \\ \times \frac{1}{u}\exp\left[-\left(\frac{\log(u_{\max}/u)}{\mu}\right)^m\right]du \tag{2}$$

と求まる．ただし，T はボールの遷移回数，$\mu, m, u_{\max}$ は遷移確率から定まるパラメータである．式 (2) は $2T \gg 1$ のとき

$$f_A(k) \simeq \frac{m}{\mu}\left(\frac{\log(k_{\max}/k)}{\mu}\right)^{m-1}\frac{1}{k}\exp\left[-\left(\frac{\log(k_{\max}/k)}{\mu}\right)^m\right] \tag{3}$$

と近似できる．この式は $m = 1$ のときに

$$f_A(k) \sim k^{1/\mu - 1} \tag{4}$$

となり，べき分布が得られる．

得られた次数分布の表式には二つの未知パラメータ μ, m が含まれるが，これらは $R_A(L)$ の関数形に依存するパラメータである．このことから，μ, m は各選手のホームポジションからの典型的な移動距離を決めるパラメータであるといえる．

実データとの比較

マルコフ連鎖モデルの結果を実データと比較するため，著者自身が実際の試合動画から取得した 9 試合のデータから選手の位置を考慮したパス回しネットワークを作成し，次数分布を求めた．図 17 にある試合のネットワーク図を示す．なお，1 試合から各チームに対してネットワークが作成できるので，全部で 18 の次数分布が得られる．

ネットワークの作成に際し，フィールドの分割は $\Delta = 3$ とした．次数分布 (2) には未知パラメータ μ, m が含まれるため，ここではこれらをフィッティングパラメータと見なし，実データから得られた次数の累積分布を式 (2) から求めた累積分布関数によってフィッティングした．図 18 がその結果であり，実データとよく一致していることがわかる．この中で特に，M1, M2, M4 の日本，M5 のスペイン，M8 のマンチェスター

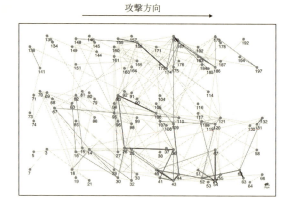

図 17 実際の試合から得られたネットワーク図．次数が最大となるノードが星印で表されている．

C は $m \simeq 1$ であり，これらのチームは式 (4) の形のべき分布に従っている．さらに，図.19 はフィッティングによって得られたパラメータを用いて確率密度関数 (2) を直接プロットした結果である．（実データのプロットではなく，確率密度関数のプロットであることに注意.）$m \simeq 1$ を示す各チームはプロットが両対数グラフにおいて直線上に乗ることから確かにべき分布に従うことが確認できる．また，それ以外のチームについても両対数グラフにおいて直線的な傾向が見られ，分布としてはいずれもべき分布に近い形状を持つことがわかる．

本節のまとめと展望

本節では，空間上に離散的に配置されたノード間でのマルコフ連鎖を基に，パス回しの数理モデルを構築した．また，マクロなスケールで現れる統計的性質としてパス回しの空間的な不均一性を表す次数分布に着目し，数理モデルと実データの比較を行った．

マルコフ性を仮定したモデルによって実データと良い一致が見られたことは，サッカーという種目の特性を反映していると考えられる．すなわち，サッカーでは，選手同士の激しい攻防によりボールの位置変動が不規則になるとともに，ロングパスが多用されることによってそれまでの履歴が忘れられる．実際，実データから求めた味方選手へのパス確率はどのチームも 0.5 から 0.7 程度となり，意図しないパスが頻繁に行わ

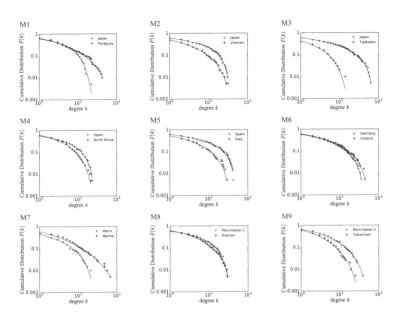

図18 各チームの累積次数分布を式 (2) から求めた累積分布関数によってフィッティングした結果.

れていることが確認できる.

また，次数分布という大域的な量が試合の詳細に依らない共通の性質を示すことは，上述した不確定性により個別性が均された結果であると考えられる．すなわち，複雑に見えるパス回しも，共通したルールの下で不確定性が階層的に積み重なることによって，試合全体で見れば共通の性質が現れる．また，次数分布の形状は図19 からわかるように，テールの長い分布となっており，位置によって各選手のパス頻度が大きく異なることがわかる．これは，サッカーにおけるパス回しの大部分が小数のハブノード，すなわち，限られた位置にいる選手によって担われていることを意味する．

マルコフ連鎖モデルで行っていることは，各ノードの存在確率に応じたエッジの分配であり，統計力学におけるカノニカル分布の考え方に類似している．これは，試合全体で見たときに各選手のヒートマップがおおよそ定位置の周りに分布することから，次数分布などのマクロな量に着目した場合に良い近似となる．しかし，シーンやシークエンス単位で

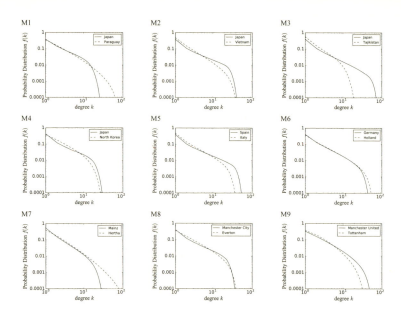

図 19 フィッティングで得られたパラメータを用いて確率密度関数 (2) を直接プロットした結果.各プロットは両対数グラフで直線的な傾向を示している.

は,チーム全体が重心から慣性半径程度の広がりを保ってフィールド上を移動する様子が見られる.そして,このときにチームの移動を駆動するのはボールの追跡効果である.こうしたダイナミクスを捉えるには,遷移確率にパスの距離や角度の情報を取り入れることが必要である.あるいは,重心系におけるボール遷移,および(ボールの移動に伴う)重心の運動を取り入れたモデルを構築する必要があるだろう.

4 今後の展望

本稿ではまず,「遊戯」と「競争」に基づくスポーツの定義を与えた後,スポーツルールの役割,スポーツの分類,スポーツ研究の方法論といった基本事項をまとめた.その上で,本稿で研究対象とする対戦型スポーツについて,「不確定性」,「ルールの存在」,「階層性」という三つの特性に着目することで,統計物理学の視点の有効性を示した.次に,サッカーのトラッキングデータを基に,選手個人,選手同士のペア,チーム全体

が示す統計的性質の解析を行った．

対戦型スポーツの研究は，膨大なデータの蓄積とともに，今後さまざまな種目に拡大していくことが予想される．その中で，さまざまな現象の共通性に着目し，それらの単純な理解を目指す統計物理学の視点は変わらず重要になると考えられる．一方，スポーツの競争的な側面を担う試合の「勝敗」は平均的な性質よりもむしろ瞬間的な変化によって左右される．その際に現れるのが各チームの戦術，あるいは個々の選手の技術（巧さ）であり，そうした個別性の存在は従来の物理系と大きく異なる要素でもある．個別性と共通性という二つの観点を踏まえた議論が今後重要になると考えられる．

最後に，本稿は著者本人の博士論文を元に編集をしたものである．「複雑系叢書」への寄稿を勧め，編集に携わってくださった山崎義弘博士に感謝いたします．本稿で紹介した解析に用いたトラッキングデータは，情報・システム研究機構 統計数理研究所の支援を受けたものです．データを貸与してくださったデータスタジアム（株）に謝意を表します．

参考文献

[1] T. Nakamura, T. Takahashi, T. Sogawa, and H. Tomozoe:『21世紀スポーツ大事典』，大修館書店，2015．
[2] H. Arai and H. Sakakibara,『スポーツの歴史と文化』，道和書院，2012．
[3] T. Nonomiya:『ニュースポーツ用語事典』，遊戯社，2000．
[4] 日本eスポーツ協会，eスポーツとは．
[5] B. Gillet:『スポーツの歴史』，白水社，1952．
[6] International Council of Sport and Physical Education, Declaration on sport. 1964.
[7] J. Huizinga, ホモ・ルーデンス．中央公論新社，1973．
[8] R. Caillois, 遊びと人間，講談社，1990．
[9] S. Morino, スポーツルールの論理，大修館書店，2007．
[10] 東京大学身体運動科学研究室，教養としての身体運動・健康科学，東京大学出版会，2009．
[11] J. Albert and J. Bennett, メジャーリーグの数理科学（上・下），シュプリンガー・ジャパン，2004．
[12] M. Lewis, Moneyball: The art of winning an unfair game, WW Norton & Company, 2004.
[13] C. Castellano, S. Fortunato, and V. Loreto: "Statistical physics of social dynamics," *Reviews of Modern Physics*, vol. 81, p. 591, 2009.

[14] N. Kobayashi, H. Kuninaka, J. Wakita, and M. Matsushita: "Statistical features of complex systems–toward establishing sociological physics–," *Journal of the Physical Society of Japan*, vol. 80, p. 072001, 2011.

[15] E. Ben-Naim, F. Vazquez, and S. Redner: "What is the most competitive sport?," *Journal of the Korean Physical Society*, vol. 50, pp. 124–126, 2005.

[16] E. Ben-Naim, S. Redner, and F. Vazquez: "Scaling in tournaments," *Europhysics Letters*, vol. 77, p. 30005, 2007.

[17] E. Ben-Naim and N. W. Hengartner: "Efficiency of competitions," *Physical Review E*, vol. 76, pp. 1–6, 2007.

[18] E. Ben-Naim, N. W. Hengartner, S. Redner, and F. Vazquez: "Randomness in Competitions," *Journal of Statistical Physics*, vol. 151, pp. 458–474, 2012.

[19] E. Bonabeau, G. Theraulaz, and J. L. Deneubourg: "Phase diagram of a model of self-organizing hierarchies," *Physica A*, vol. 217, pp. 373–392, 1995.

[20] L. Malacarne and R. Mendes: "Regularities in football goal distributions," *Physica A*, vol. 286, pp. 391–395, 2000.

[21] A. C. Thomas, "Inter-arrival Times of Goals in Ice Hockey:" *Journal of Quantitative Analysis in Sports*, vol. 3, p. 5, 2007.

[22] A. Heuer, C. Müller, and O. Rubner: "Soccer: Is scoring goals a predictable Poissonian process?," *Europhysics Letters*, vol. 89, p. 38007, 2010.

[23] A. Gabel and S. Redner: "Random Walk Picture of Basketball Scoring," *Journal of Quantitave Analysis in Sports*, vol. 8, p. 1416, 2012.

[24] H. V. Ribeiro, S. Mukherjee, and X. H. T. Zeng: "Anomalous diffusion and long-range correlations in the score evolution of the game of cricket," *Physical Review E*, vol. 86, p. 022102, 2012.

[25] R. da Silva, M. H. Vainstein, S. Gonçalves, and F. S. Paula: "Anomalous diffusion in the evolution of soccer championship scores: Real data, mean-field analysis, and an agent-based model," *Physical Review E*, vol. 88, p. 022136, 2013.

[26] S. Merritt and A. Clauset: "Scoring dynamics across professional team sports: tempo, balance and predictability," *EPJ Data Science*, vol. 3, pp. 1–21, 2014.

[27] A. Clauset, M. Kogan, and S. Redner: "Safe leads and lead changes in competitive team sports," *Physical Review E*, vol. 91, p. 062815, 2015.

[28] D. P. Kiley, A. J. Reagan, L. Mitchell, C. M. Danforth, and P. S. Dodds: "Game story space of professional sports: Australian rules football," *Physical Review E*, vol. 93, p. 052314, 2016.
[29] T. Taki, J. Hasegawa, and T. Fukumura: "Development of motion analysis system for quantitative evaluation of teamwork in soccer games," *Proceedings of the 3rd IEEE International Conference on Image Processing*, vol. 3, pp. 815–818, 1996.
[30] T. Taki and J. Hasegawa: "Visualization of dominant region in team games and its application to teamwork analysis," *Proceedings of the Computer Graphics International 2000*, pp. 227–235, 2000.
[31] A. Fujimura and K. Sugihara: "Geometric analysis and quantitative evaluation of sport teamwork," *Systems and Computers in Japan*, vol. 36, pp. 49–58, 2005.
[32] J. Gudmundsson and T. Wolle: "Football analysis using spatio-temporal tools," *Computers, Environment and Urban Systems*, vol. 47, pp. 16–27, 2014.
[33] S. Kim: "Voronoi Analysis of a Soccer Game," *Nonlinear Analysis: Modelling and Control*, vol. 9, pp. 233–240, 2004.
[34] S. Fonseca, J. Milho, B. Travassos, and D. Araújo: "Spatial dynamics of team sports exposed by Voronoi diagrams," *Human Movement Science*, vol. 31, pp. 1652–1659, 2012.
[35] Z. Yue, H. Broich, F. Seifriz, and J. Mester: "Mathematical Analysis of a Soccer Game. Part I: Individual and Collective Behaviors," *Studies in Applied Mathematics*, vol. 121, pp. 223–243, 2008.
[36] J. Bourbousson, C. Sève, and T. McGarry: "Space-time coordination dynamics in basketball: Part 2. The interaction between the two teams," *Journal of Sports Sciences*, vol. 28, pp. 349–358, 2010.
[37] A. Bialkowski, P. Lucey, P. Carr, Y. Yue, I. Matthews, and F. Ram: "Win at Home and Draw Away: Automatic Formation Analysis Highlighting the Differences in Home and Away Team Behaviors," *Proceedings of the 8th Annual MIT Sloan Sports Analytics Conference*, pp. 1–7, 2014.
[38] P. Lucey, A. Bialkowski, P. Carr, S. Morgan, I. Matthews, and Y. Sheikh: "Representing and discovering adversarial team behaviors using player roles," *Proceedings of the IEEE Computer Society Conference on Computer Vision and Pattern Recognition*, pp. 2706–2713, 2013.
[39] X. Wei, L. Sha, P. Lucey, S. Morgan, and S. Sridharan: "Large-scale analysis of formations in soccer," *Proceedings of the 2013 International Conference on Digital Image Computing: Techniques and Applications, DICTA 2013*, pp. 1–8, 2013.

[40] A. Bialkowski, P. Lucey, P. Carr, Y. Yue, S. Sridharan, and I. Matthews: "Large-Scale Analysis of Soccer Matches using Spatiotemporal Tracking Data," *Proceedings of the 2014 IEEE International Conference on Data Mining*, pp. 725–730, 2014.

[41] P. Lucey, A. Bialkowski, P. Carr, Y. Yue, and I. Matthews: "How to Get an Open Shot: Analyzing Team Movement in Basketball using Tracking Data," *Proceedings of the 8th Annual MIT Sloan Sports Analytics Conference*, pp. 1–10, 2014.

[42] J. Gudmundsson and M. Horton: "Spatio-Temporal Analysis of Team Sports – A Survey," arXiv:1602.06994v1, 2016.

[43] J. Duch, J. S. Waitzman, and L. A. N. Amaral: "Quantifying the performance of individual players in a team activity," *PloS one*, vol. 5, p. e10937, 2010.

[44] Y. Yamamoto and K. Yokoyama: "Common and unique network dynamics in football games," *PloS One*, vol. 6, p. e29638, 2011.

[45] J. López Peña and H. Touchette: "A network theory analysis of football strategies," *Sports Physics: Proceedings of the Euromech Physics of Sports Conference* (Éditions de l'École Polytechnique), pp. 517–528, 2012.

[46] T. U. Grund: "Network structure and team performance: The case of english premier league soccer teams," *Social Networks*, vol. 34, pp. 682–690, 2012.

[47] J. H. Fewell, D. Armbruster, J. Ingraham, A. Petersen, and J. S. Waters: "Basketball teams as strategic networks," *PloS one*, vol. 7, p. e47445, 2012.

[48] C. Cotta, A. M. Mora, J. J. Merelo, and C. Merelo-Molina: "A network analysis of the 2010 FIFA world cup champion team play," *Journal of Systems Science and Complexity*, vol. 26, pp. 21–42, 2013.

[49] L. Gyarmati, H. Kwak, and P. Rodriguez: "Searching for a Unique Style in Soccer," arXiv:1409.0308v1, 2014.

[50] J. L. Peña and R. S. Navarro, "Who can replace Xavi? A passing motif analysis of football players," arXiv:1506.07768v1, 2015.

[51] F. M. Clemente, F. M. L. Martins, and R. S. Mendes: Social Network Analysis Applied to Team Sports Analysis. New York: Springer, 2016.

[52] L. C. Freeman: "Centrality in social networks conceptual clarification," *Social networks*, vol. 1, pp. 215–239, 1979.

[53] R. S. Mendes, L. C. Malacarne, and C. Anteneodo: "Statistics of football dynamics," *The European Physical Journal B*, vol. 57, pp. 357–363, 2007.

[54] A. Kijima, K. Yokoyama, H. Shima, and Y. Yamamoto: "Emergence of self-similarity in football dynamics," *The European Physical Journal B*, vol. 87, p. 41, 2014.

[55] H. Haken: "Synergetics," *Physics Bulletin*, vol. 28, p. 412, 1977.

[56] J. Kelso, "Phase transitions and critical behavior in human bimanual coordination," *American Journal of Physiology-Regulatory, Integrative and Comparative Physiology*, vol. 246, pp. R1000–R1004, 1984.

[57] H. Haken, J. S. Kelso, and H. Bunz: "A theoretical model of phase transitions in human hand movements," *Biological cybernetics*, vol. 51, pp. 347–356, 1985.

[58] P. F. Lamb and M. Stöckl: "On the use of continuous relative phase: Review of current approaches and outline for a new standard," *Clinical Biomechanics*, vol. 29, pp. 484–493, 2014.

[59] K. Davids, R. Hristovski, D. Araujo, N. Balague Serre, C. Button, and P. Passos: Complex systems in sports. London: Routledge, 2014.

[60] Y. Palut and P.-G. Zanone: "A dynamical analysis of tennis: concepts and data," *Journal of sports sciences*, vol. 23, pp. 1021–1032, 2005.

[61] T. McGarry: "Identifying patterns in squash contests using dynamical analysis and human perception," *International Journal of Performance Analysis in Sport*, vol. 6, pp. 134–147, 2006.

[62] J. Bourbousson, C. Sève, and T. McGarry: "Spacetime coordination dynamics in basketball: Part 1. Intra- and inter-couplings among player dyads," *Journal of Sports Sciences*, vol. 28, pp. 339–347, 2010.

[63] B. Travassos, D. Araújo, L. Vilar, and T. McGarry: "Interpersonal coordination and ball dynamics in futsal (indoor football)," *Human Movement Science*, vol. 30, pp. 1245–1259, 2011.

[64] B. Travassos, D. Araújo, R. Duarte, and T. McGarry: "Spatiotemporal coordination behaviors in futsal (indoor football) are guided by informational game constraints," *Human Movement Science*, vol. 31, pp. 932–945, 2012.

[65] M. Okumura, A. Kijima, K. Kadota, K. Yokoyama, H. Suzuki, and Y. Yamamoto: "A critical interpersonal distance switches between two coordination modes in kendo matches," *Plos One*, vol. 7, p. e51877, 2012.

[66] A. Kijima, K. Kadota, K. Yokoyama, M. Okumura, H. Suzuki, R. Schmidt, and Y. Yamamoto: "Switching dynamics in an interpersonal competition brings about 'deadlock' synchronization of players," *PloS one*, vol. 7, p. e47911, 2012.

[67] M. Siegle and M. Lames: "Modeling soccer by means of relative phase," *Journal of Systems Science and Complexity*, vol. 26, pp. 14–20, 2013.

[68] K. V. Mardia and P. E. Jupp: Directional Statistics. Chichester: Wiley, 1999.
[69] H.-i. Wu, B.-L. Li, T. A. Springer, and W. H. Neill: "Modelling animal movement as a persistent random walk in two dimensions: expected magnitude of net displacement," *Ecological Modelling*, vol. 132, pp. 115–124, 2000.
[70] F. Bartumeus, M. da Luz, G. Viswanathan, and J. Catalan: "Animal search strategies: a quantitative random-walk analysis," *Ecology*, vol. 86, pp. 3078–3087, 2005.
[71] F. Bartumeus, J. Catalan, G. Viswanathan, E. Raposo, and M. da Luz: "The influence of turning angles on the success of non-oriented animal searches," *Journal of Theoretical Biology*, vol. 252, pp. 43–55, 2008.
[72] E. A. Codling, M. J. Plank, S. Benhamou, and J. R. S. Interface: "Random walk models in biology," *Journal of the Royal Society, Interface / the Royal Society*, vol. 5, pp. 813–34, 2008.
[73] E. A. Codling, R. N. Bearon, and G. J. Thorn: "Diffusion about the mean drift location in a biased random walk," *Ecology*, vol. 91, pp. 3106–3113, 2010.
[74] S. N. Chiu, D. Stoyan, W. S. Kendall, and J. Mecke: Stochastic geometry and its applications. Chichester: Wiley, 2013.
[75] G. Caldarelli, A. Capocci, P. De Los Rios, and M. Muñoz: "Scale-Free Networks from Varying Vertex Intrinsic Fitness," *Physical Review Letters*, vol. 89, p. 258702, 2002.
[76] M. Boguñá and R. Pastor-Satorras: "Class of correlated random networks with hidden variables," *Physical Review E*, vol. 68, p. 036112, 2003.

早稲田大学複雑系高等学術研究所

複雑系高等学術研究所は早稲田大学総合研究機構所属のプロジェクト研究所として2000年に設立され，自然科学系，工学系および人文社会科学系の諸分野，ならびに，それらの学際的領域に広がる複合的課題の克服に向けて共同研究を推進している．

複雑系の研究対象は広く，かつ広範な学問分野が協力して研究にあたらなければならない性格のものが多く，従来のように個別分野がそれぞれの専門に閉じ籠もっているわけにはいかない．そのため，本研究所では分野横断的な豊かな協力体制を作るとともに，個別学問分野が交流し，それぞれの可能性を大きく膨らませてゆくことが重要であると考えてきた．具体的には，

(A) 複雑系の基本法則・構造・論理の探求
(B) 社会経済・人文複合問題への挑戦
(C) 知能・情報・環境複合問題における新技術の構築

という三つの共同研究を柱として推進し，諸分野に広がる予測困難な複雑事象の解明と並んで，複雑現象の分析・構成手法を確立することを目標としている．

複雑系叢書 3
The Complex Systems Monograph Series Vol.3

複雑系としての経済・社会
Economy and Society as Complex System

2019年4月10日　初版1刷発行

検印廃止
NDC 301.6, 331.16, 421.4

ISBN 978-4-320-03447-1

編　者　早稲田大学複雑系高等学術研究所　ⓒ 2019
発　行　**共立出版株式会社**/南條光章
東京都文京区小日向 4-6-19
電話 03-3947-2511（代表）
〒112-0006 / 振替口座 00110-2-57035
www.kyoritsu-pub.co.jp

印　刷　啓文堂
製　本　ブロケード

一般社団法人
自然科学書協会
会員

Printed in Japan

JCOPY ＜出版者著作権管理機構委託出版物＞
本書の無断複製は著作権法上での例外を除き禁じられています．複製される場合は，そのつど事前に，出版者著作権管理機構（TEL：03-5244-5088，FAX：03-5244-5089，e-mail：info@jcopy.or.jp）の許諾を得てください．

複雑系叢書 全7巻

早稲田大学複雑系高等学術研究所[編]

[編集委員]相澤洋二・稲葉敏夫・鈴木 平・橋本周司・前田惠一・松本 隆・三輪敬之・郡司幸夫・山崎義弘

本叢書は，各分野の最前線で活躍している研究者にそれぞれの立場から「複雑系の問題」を，現象，実験，技術，理論，方法論，あるいは論理，歴史や思想など，テーマを自由に選び，専門を越えて議論の輪が広がるように，できるだけ平易な言葉で論じた。【各巻：A5判・上製・税別本体価格】

❶ 複雑系の構造と予測
大規模生物ネットワークの数理／タンパク質の立体構造予測／タンパク質分子の立体構造転移／こころとことばの創発性／複雑系の学習と予測・・・・・・・・・214頁・**本体3000円**

❷ 身体性・コミュニケーション・こころ
単純系から複雑系の心理療法へ／身体動作と気分状態の相互依存性から複雑系科学へ／「息が合う」コミュニケーションのダイナミカルな基礎／身体性と空間共有コミュニケーション／共創システムと複雑性・・・・・・・・・・・・・・・・・・244頁・**本体3700円**

❸ 複雑系としての経済・社会
経済学における複雑系の系譜／景気循環理論と非線型動学：IS-LM分析における展開／社会物理学と考現学との接点／動物の群れにおける自由と社会／対戦型スポーツに対する統計物理からのアプローチ・・・・・・・・・・・・・・・・・・156頁・**本体3700円**

❹ 複雑系としての情報システム
システムにおけるでたらめさの効用／情報と複雑系／複雑さの尺度－情報論的エントロピーと統計力学的エントロピー／組織化された複雑系システムの動特性解析－人工市場を対象に－／複雑系と通信・・・・・・・・・・・・・・・260頁・**本体3500円**

❺ 複雑さと法則
ルールダイナミクスの世界－ルールダイナミクスから進化のダイナミクスへ向けて－／量子カオスの根本問題と実験による新展開／量子揺らぎ／だれがアンドロメダ銀河を見たか？－構造を作る量子力学－／法則の普遍性と宇宙論・・・・・・・・234頁・**本体3300円**

❻ コンプレックス・ダイナミクスの挑戦
生きた細胞による結合振動子系の構築－複雑な振舞いをする生物観察の構成的アプローチ－／ダイナミックな蛋白質－計算機シミュレーションの挑戦－／パターン形成現象の数理モデリング／カオスと輸送現象／線型と非線型・・・・・・・・・174頁・**本体3500円**

❼ 複雑さへの関心
複雑性の本質：観測由来ヘテラルキー／有限のなかの無限／「複雑系」の存在論的基礎付け／複雑系と時間の矢－決定論的世界観を対岸に見て－／複雑系への関心－非線形非平衡現象から－・・・・・・・・・・・・・・・・・・・・・282頁・**本体3300円**

https://www.kyoritsu-pub.co.jp/

共立出版

(価格は変更される場合がございます)